U0142251

廢棄資源管理重點整理

陳映竹◎著

五南圖書出版公司 印行

作者序

　　作者將自己通過高考、技師考試至任教之學習心得，參考坊間廢棄物相關書籍，以「關鍵字學習」方式，提供讀者面對千變萬化的考題，順利考取佳績的密技。

　　本書適用於管理、工程領域，使用方式非常簡單，無論考題怎麼變化，讀者只要看到關鍵字，將本書聯想之相關內容都盡力地寫出來，不受冗長題目影響，相信必有不錯之佳績。當然，若能應題回答則是更上一層樓！讀者在學習之時看到關鍵字，若能多次翻閱此書閱讀、複習，必能滾瓜爛熟。各章節最後也整理歷年考古題提供讀者參考、練習，試題模擬是非常重要的練習，可避免應試緊張。

　　感謝提供草案建議的同學、朋友、師長，使本書得以順利出版，若有不完善之處懇請不吝指教！

目　錄

第一章　我國廢棄物管理大事記 ················· *1*

一、民國73年，都市垃圾處理方案　*3*

二、民國76年，現階段環境保護政策綱領　*3*

三、民國80年，臺灣地區垃圾資源回收（焚化）廠興建計畫　*4*

四、民國85年，鼓勵公民營機構興建營運垃圾焚化廠推動方案　*4*

五、民國87年，資源回收四合一計畫　*5*

六、民國90年，全國廢棄物管制清理方案　*6*

七、民國91～100年，核定環保科技園區推動計畫　*7*

八、民國92年，垃圾處理方案之檢討與展望——垃圾零廢棄　*9*

九、民國95年，「強制式垃圾分類」政策　*11*

十、民國96～101年，一般廢棄物資源循環推動計畫　*12*

十一、民國96年，汰換老舊垃圾清運機具　*13*

十二、民國99～101年，垃圾焚化灰渣再利用推動計畫　*13*

十三、民國99年，推動搖籃到搖籃設計理念　*14*

十四、民國100年，資源循環政策規劃　*14*

十五、民國101年，補助應回收廢棄物　*15*

十六、民國101年，垃圾焚化廠轉型為生質能源中心　*15*

十七、民國104年6月15日，通過「溫室氣體減量及管理法」　*16*

十八、民國105年，推動永續物料管理　*16*

第二章　總　論 ···················· *19*

一、廢棄物定義　*21*

二、一般廢棄物與事業廢棄物之區分　*23*

三、事業廢棄物代碼之編定原則 *23*

四、「產品」或「廢棄物」之區分 *24*

五、「目的事業主管機關」之定義 *25*

六、我國廢棄物管理整體架構 *25*

七、清除、處理及清理之名詞定義 *26*

八、廢棄物清理之責任歸屬 *26*

九、廢棄物管理之主軸法規演進 *27*

十、廢棄物處理四大原則 *28*

十一、廢棄物處理層級（優先順序） *28*

十二、再生、再使用及再利用之間的關係 *29*

十三、「資源回收率」、「垃圾回收率」及「資源回收再利用率」之計算 *29*

十四、典型廢棄物處理流程 *30*

十五、永續物質管理（*sustainable materials management, SMM*） *31*

十六、廢棄物管理與資源回收架構 *32*

十七、廢棄物清理之發展 *34*

十八、「汙染控制」及「汙染預防」之異同 *35*

十九、*4R*的觀念演進至*5R*？甚至*6R* *35*

二十、零廢棄社會之建構 *36*

第三章　廢棄物種類與特性 ………………………………… *43*

一、影響垃圾產量及清運量之因素 *45*

二、垃圾之物理、化學性質分析 *46*

三、垃圾三成分及其近似分析之關係 *48*

四、廢棄物主要之元素分析項目 *50*

五、廢棄物發熱量及其用途 *50*

六、由三成分推算廢棄物發熱量 *52*

七、利用*Dulong*、*Steuer*及*Scheurer-Kestner*公式推估廢棄物發熱量 *52*

八、具代表性之廢棄物樣品採集方法（四分法） *53*

九、一般廢棄物之採樣分析流程　*54*

十、事業廢棄物之採樣分析流程　*57*

十一、事業廢棄物焚化處理單元與進料分析之關係　*60*

十二、我國垃圾性質之重要參數　*62*

十三、我國垃圾處理計畫　*63*

十四、有害物質與有毒物質定義之異同　*64*

十五、有害物質特性　*64*

十六、生物性事業廢棄物　*65*

第四章　分類收集貯存與清運 ……………………………… *71*

一、名詞定義　*73*

二、貯存容器需合乎之條件　*74*

三、塑膠袋／專用紙袋、塑膠桶、垃圾子車及混合使用之優劣　*75*

四、垃圾分類之目的及作法　*76*

五、垃圾分類之優點　*78*

六、「強制式垃圾分類」政策　*78*

七、巨大垃圾、資源垃圾、一般垃圾及廚餘之排出方式　*79*

八、應回收廢棄物之定義及其回收責任歸屬　*80*

九、廢棄物清除處理費之徵收方式沿革　*81*

十、廢棄物清除處理費徵收方式　*82*

十一、臺灣現行垃圾收集體系之分類特性　*84*

十二、搬運貯存容器系統及固定貯存容器系統　*85*

十三、直接拖運系統　*91*

十四、轉運原則　*92*

十五、垃圾收集計畫之研擬流程　*94*

十六、影響垃圾收集效率之因素　*95*

十七、提高垃圾清運效率之可行方案　*96*

十八、常見之集運效率指標　*96*

十九、廢棄物清運民營化之優劣 *97*

二十、廢棄物清除／處理機構之分級方式 *98*

第五章　前處理 ·· *103*

一、前處理之定義 *105*

二、前處理之目的 *106*

三、前處理之方法 *106*

四、破碎處理 *107*

五、垃圾壓縮 *110*

六、垃圾壓縮之特性 *112*

七、垃圾壓縮後衛生掩埋處理之優點 *113*

八、垃圾分選之目的及其方法 *113*

九、篩選垃圾及其可能影響的因素 *117*

十、垃圾回收效率 *117*

十一、垃圾「重力分離」技術 *118*

十二、廢容器資源化處理流程 *120*

十三、廢機動車輛資源化處理流程 *122*

十四、廢輪胎資源化處理流程 *123*

十五、廢電子電器資源化處理流程 *125*

十六、廢玻璃資源化處理流程 *127*

第六章　固化處理 ·· *135*

一、固化及穩定化定義 *137*

二、狹義固化之習稱 *138*

三、固化之主要目的 *139*

四、固化／穩定化之原理 *140*

五、固化／穩定化技術分類 *141*

六、水泥固化法技術及其流程 *142*

七、各種固化法技術之原理　*144*

八、台灣電力公司針對「用過核子燃料」目前規劃之處理方式　*146*

九、熔結固化法之處理流程　*147*

十、燒結固化法之處理流程　*148*

十一、熔融固化法之處理流程　*150*

十二、廢棄物特性對固化作用之影響　*151*

十三、固化處理法之操作程序及分類　*151*

十四、固化處理程序之選擇依據　*152*

十五、固化／穩定化處理成效之評估指標　*154*

十六、我國固化處理之應用實例　*160*

第七章　堆肥處理 ⋯⋯⋯⋯⋯⋯⋯⋯⋯⋯⋯⋯⋯⋯⋯ *163*

一、堆肥之定義及原理　*165*

二、堆肥化之目標　*166*

三、堆肥處理之優缺點　*167*

四、堆肥材料之選定原則　*168*

五、堆肥發酵之條件　*168*

六、堆肥處理方法分類　*171*

七、堆肥化處理之流程及堆肥處理廠設施規範　*172*

八、堆肥成品品質之控制　*175*

九、廚餘回收方法　*176*

十、廚餘資源化方法　*177*

第八章　焚化處理 ⋯⋯⋯⋯⋯⋯⋯⋯⋯⋯⋯⋯⋯⋯⋯ *183*

一、熱處理方法及其定義　*185*

二、我國焚化處理之演進　*186*

三、燃燒之基本原理及其反應階段　*187*

四、焚化法之優缺點　*188*

五、燃燒之基本反應式 *189*

六、完全焚化之基本條件 *190*

七、計算燃燒所需空氣量 *192*

八、計算完全燃燒之廢氣量 *192*

九、垃圾低位發熱量與處理能力之關係 *194*

十、處理能力與燃燒產生熱量之關係 *195*

十一、焚化殘渣之灼燒減量定義、用途、分析流程及其規範要求 *196*

十二、焚化爐爐床燃燒率之定義及其設計規範 *199*

十三、燃燒室熱負荷之定義及其設計規範 *200*

十四、燃燒室出口溫度及氣體停留時間設計規範 *201*

十五、焚化爐通風控制 *202*

十六、焚化爐公害防治機能 *203*

十七、焚化設施規模之決定步驟 *204*

十八、月變動係數 *205*

十九、設施規模之訂定方法 *206*

二十、依爐體型式區分焚化爐種類 *207*

二十一、連續式焚化爐處理設備 *213*

二十二、熱解法特性 *213*

二十三、焚化爐爐體型式 *214*

二十四、焚化溫度之控制 *215*

二十五、焚化爐二次汙染之控制 *216*

二十六、焚化灰渣種類及性質 *220*

二十七、垃圾焚化灰渣處理處置技術 *221*

二十八、燒結、熔融及篩分技術之差異 *222*

二十九、垃圾焚化廠產出焚化底渣再利用之相關規定 *222*

三十、焚化廠可能排出之重金屬汙染及其防治措施 *226*

三十一、焚化廠可能排出之戴奧辛汙染及其防治措施 *227*

三十二、生質能源最終利用型態及篩選 *231*

第九章　最終處置 ································ **245**

一、廢棄物管理層次之優先順序　*247*

二、最終處置定義　*248*

三、最終處置技術之種類　*248*

四、最終處置方法及定義　*249*

五、最終處置方法之適用對象　*250*

六、一般廢棄物及事業廢棄物採安定掩埋、衛生掩埋、封閉掩埋必須符合之規定　*250*

七、安定掩埋法　*253*

八、衛生掩埋法　*254*

九、封閉掩埋法　*255*

十、最終處置掩埋場基本計畫　*255*

十一、最終處置掩埋場之用地選擇　*256*

十二、最終處置掩埋場工程規劃之內容　*257*

十三、掩埋場容量之決定　*259*

十四、掩埋場計畫總掩埋容量之研定流程　*260*

十五、衛生掩埋之基本作業　*261*

十六、衛生掩埋之基本原理　*261*

十七、掩埋場必須具備之四大功能　*265*

十八、掩埋場之分類　*266*

十九、掩埋場之貯存結構物　*266*

二十、掩埋場之阻水設施　*267*

二十一、掩埋場之集排水設施　*268*

二十二、掩埋施工作業　*271*

二十三、掩埋作業程序　*272*

二十四、衛生掩埋作業準則　*273*

二十五、掩埋場滲出水處理　*275*

二十六、掩埋場廢氣收集處理 *279*

二十七、掩埋場惡臭控制 *281*

二十八、衛生掩埋場發生火災崩塌之原因及對策 *281*

二十九、海岸水域衛生掩埋 *282*

三十、海岸水域衛生掩埋引起之環境汙染 *283*

三十一、廢棄物填海造島（陸）政策 *285*

三十二、填海造島（陸）政策推行之環境保育配套措施 *289*

三十三、安全掩埋場（封閉掩埋場） *291*

三十四、安全掩埋（封閉掩埋）之地工材料 *293*

三十五、有害廢棄物封閉掩埋場操作要點 *294*

三十六、垃圾掩埋場復育工程 *294*

三十七、垃圾掩埋場挖除再生活化 *296*

第十章　　有害廢棄物 ································· *309*

一、有害廢棄物之定義 *311*

二、有害廢棄物特性 *311*

三、有害事業廢棄物判定方式 *313*

四、有害特性認定之有害事業廢棄物種類 *314*

五、廢棄物管理系統模式 *317*

六、有害廢棄物之管理技術 *318*

七、事業廢棄物之清理 *319*

八、有害廢棄物之貯存、收集、運輸 *321*

九、事業廢棄物清除規定 *325*

十、事業廢棄物之中間處理 *327*

十一、焚化處理效率評估計算 *329*

十二、一般廢棄物採焚化處理需符合之規定 *330*

十三、事業廢棄物採焚化處理需符合之規定 *331*

chapter *1*

我國廢棄物管理大事記

　　廢棄物管理大事記為本書獨特整理之章節，學習廢棄物管理前，必先了解我國政府歷年重點推動之政策方案，甚至關鍵年份應有所認識，依照時間脈絡學習，避免混淆相似或者延續推動之政策方案。

一、民國73年，都市垃圾處理方案

　　行政院於民國73年頒定「都市垃圾處理方案」初期以掩埋為主，中長程以焚化為主政策，由中央補助經費，積極推動地方政府興建垃圾掩埋場或焚化廠，期解決垃圾處理問題。

二、民國76年，現階段環境保護政策綱領

　　由行政院頒布，於綱領第二章「策略」條文中說明：「基於國家長期利益，環境保護與經濟發展應兼籌並顧，在經濟發展過程中，如對環境有重大影響者，應對環境保護優先考慮」。可知經濟發展與環境保護同等重要。

三、民國80年，臺灣地區垃圾資源回收（焚化）廠興建計畫

　　由於垃圾掩埋場用地取得日趨困難，環保署於民國80年訂定「垃圾處理方案」，明定「焚化為主、掩埋為輔」。為使垃圾焚化廠之順利興建，於民國80年6月訂定「臺灣地區垃圾資源回收（焚化）廠興建計畫」，由環保署在臺灣省興建大型焚化廠。

　　我國目前垃圾處理方式以焚化為主，焚化率占待處理垃圾量約95%，全國已興建完成26座可回收電能之大型焚化廠，除了雲林廠及臺東廠之外，其餘均已投入運轉。

四、民國85年，鼓勵公民營機構興建營運垃圾焚化廠推動方案

　　依民國80年9月行政院核定之「臺灣地區垃圾資源回收（焚化）廠興建工程計畫」規定，原規劃興建22座垃圾焚化廠，其中臺北市政府辦理之3座採「公有公營」方式辦理，其餘19座（前高雄市政府及前臺灣省政府各辦理3座、環保署辦理13座）則均採「公有民營」方式辦理。目前共計完成興建21座垃圾焚化廠，其中臺北市及高雄市共5座採「公有公營」方式辦理，其餘16座則均採「公有民營」方式辦理。計畫目標：

1. 以「建設－營運－轉移」（ＢＯＴ）或「建設－營運－擁有」（ＢＯＯ）二種模式，鼓勵公民營機構參與垃圾焚化廠興建及營運，以提升工程品質及營運效率，並紓解政府財政負擔。

2. 繼續執行臺灣地區「垃圾資源回收（焚化）廠興建工程計畫」，並藉由本方案之推動以加速興建工程計畫之實施。

3. 預計至民國97年底，臺灣地區垃圾焚化處理率應達到90%以上，以有效處理垃圾，改善環境衛生。

4. 本方案興建之垃圾焚化廠以處理一般廢棄物（家戶垃圾）為主，若有餘裕並可處理一般事業廢棄物。

五、民國87年，資源回收四合一計畫

「四合一」是指將社區民眾、回收商、地方政府及回收基金四者做進一步整合，強化回收工作。

1. 業者主要責任為依中央主管機關核定之費率，繳交回收清除處理費用，至資源回收管理基金專戶，而不再以回收率作為法定責任達成之指標。

2. 建立由公正團體進行各項回收成果之稽核認證制度，經稽核認證之回收處理量，獲得資源回收管理基金之補貼。

3. 設置資源回收費率審議委員會，使回收清除處理費率的訂定趨向合理化。

4. 資源回收管理基金由環保署指定之金融機構保管。

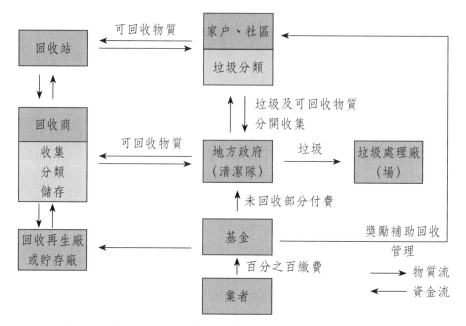

圖1-1　資源回收四合一計畫相關執行單位及其物質流／資金流

六、民國90年，全國廢棄物管制清理方案

　　主要基本政策著重於廢棄物的流向追蹤，加強稽查管制，以及推動適當的處理處置措施，以符合零廢棄理念。主要考量問題為：

1. 源頭管理缺乏源頭減量工作，源頭管制強調廢棄物產質量調查與流向追蹤，不能忽略源頭減量規劃。

2. 妥善處理處置設施以焚化為主，妥善處理處置措施應更強調無害化與資源化的原則，加強多方面思考，並非僅侷限於焚

化處理。

3. 政策缺乏資源再生回收策略，事業廢棄物政策中並未將資源回收列為重點。

4. 應全盤考量廢棄物的生命週期，從產出到回收或廢棄，詳細規劃設計廢棄物的減量與回收。

5. 企業與政府較缺少雙向溝通機制。

6. 缺乏國際事業廢棄物資訊交換管道。

七、民國91～100年，核定環保科技園區推動計畫

　　行政院於民國91年9月9日核定「環保科技園區推動計畫」，復於民國93年3月11日核定其修正計畫，計畫期程為民國91～100年，並於高雄市岡山區、花蓮縣鳳林鎮、桃園縣觀音鄉及臺南市柳營區等地設置4座「環保科技園區」，累計至民國100年12月底核准入區廠商達到110家、累計進駐廠家數達71家、出售土地面積達49.62公頃、廠商投資額達157.53億元、提供就業人數達1,931人、年產值達165.22億元、年創造循環資源物為10.77百萬噸（含廠內回收水量）。

　　環保署以環保科技園區推動生態工業區之經驗，於民國94～98年，陸續協助高雄臨海工業區、桃園縣7座工業區、高雄林園工業區、新竹科學工業園區、臺中港關連工業區、高雄縣本

洲工業區、新竹工業區、彰化縣彰濱工業區及高雄縣永安工業區
等工業區，進行生態工業區理念推廣與資源循環鏈結推動，也已
具有成效。

表1-1　環保科技園區推動計畫目標及辦理情形對照表

工作項目	計畫目標	辦理情形
環保科技園區建設	減少汙染產生與創造資源循環	資源再生產業相關廠商達51家，減少廢棄物產生量，並產製有價金屬與再生資源，包括廢電鍍汙泥、廢溶劑、廢鉛蓄電池、廢乾電池、廢觸媒、電子廢棄物等，於100年已達62.1萬噸／年。
	活絡閒置土地與提供就業機會	完成4座共123公頃環保科技園區之開發與建設，其中量產實證區可租售土地79公頃，至100年底已售出49.6公頃（63%），核准入區廠商達110家、累計進駐廠家數達71家，提供就業人數達1,931人。
	引進國外廠商與提升環保技術	引進美商世界資源亞太、德商阿托科技、日商純聚與臺灣瑞環等優質國外廠商與技術。 透過研究補助，協助廠商提升技術水準與研發能量，許多技術並已直接應用於量產上，累計已針對76個廠商研發計畫投入2.7億元研究補助款，累計創造31.5億元研發產值，達11.7倍的研發補助效益。
	帶動環保產業與促進產業環保	已核准入區廠商達105家、累計進駐廠家數達71家，吸引廠商投資額達157.53億元、年產值達165.22億元。 高雄園區引進有助於傳統扣件業降低汙染之廠商，提供產業更環保之技術與設備，協助產業進行綠色升級，產品不僅符合國際環保標準，並提高產品附加價值，形成綠色扣件產業聚落。

工作項目	計畫目標	辦理情形
循環型永續生態城鄉建設	建構循環城鄉與提高環境品質	各地方政府皆已依據「降低汙染設施」、「保育生態措施」、「再生能源措施」、「減量回收措施」、「再生推廣工作」、「山生一體工作」、「生態工法建設」及「永續生活措施」等8項建設規劃內容，完成所有循環型永續生態城鄉共計54項建設。

八、民國92年，垃圾處理方案之檢討與展望——垃圾零廢棄

　　行政院於民國92年12月4日核定「垃圾處理方案之檢討與展望」，提倡以綠色生產、綠色消費、源頭減量、資源回收、再使用及再生利用等方式，將資源有效循環利用，逐步達成垃圾全回收、零廢棄之目標。

1. 「垃圾零廢棄」定義：提倡以綠色生產、綠色消費、源頭減量、資源回收、再使用及再生利用等方式，將資源有效循環利用，逐步達成垃圾全回收、零廢棄之目標。

2. 目標基準：以民國90年為計算基準年。

3. 目標設定：預訂於民國96年以後，除偏遠地區外，垃圾將不進掩埋場，且處理前之總減量目標達到25%，民國100年總減量達到40%，109年總減量達到75%，各分年、分項次目標，細述如下：

(1) 預計民國96年公告回收項目回收量目標達到18.5%，廚餘回收量達到4%，不可燃垃圾回收量達到1.2%。

(2) 民國100年公告回收項目回收量目標達到24%，廚餘回收量達到7.5%，不可燃垃圾回收量達到3.5%。

(3) 民國109年公告回收項目回收量目標達到38%，廚餘回收量達到20%，不可燃垃圾回收量達到6.7%。

表1-2　生垃圾未進垃圾焚化廠前之總減量及次目標設定

年限	減量及資源回收策略					
西元 (民國)	總減量 目標 (%)	公告回 收項目 (%)	廚餘 回收 (%)	不可燃 垃圾 (%)	巨大 垃圾 (%)	其他 (%)
2007(96)	25	18.5	4	1.2	0.3	1
2011(100)	40	24	7.5	3.5	1	4
2020(109)	75	38	20	6.7	1.3	9

備註：1.以民國90年為計算基準年。

　　　2.其他包括因目前回收技術、處理成本或品質不適合回收之紙類、塑膠類、木竹稻草落葉類及纖維布類等，屆時視該類廢棄物之處理技術發展，予以妥善處理。

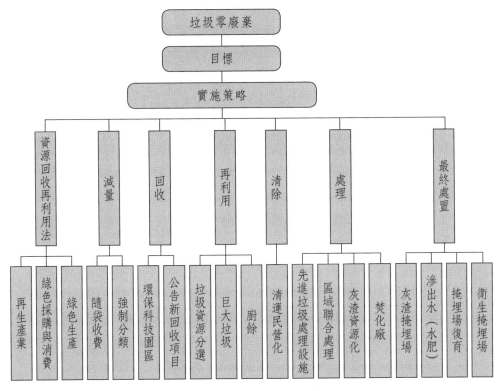

圖1-2　垃圾清理架構

九、民國95年，「強制式垃圾分類」政策

要求民眾將垃圾分為一般、資源及廚餘3大類。

1. 規劃期：確立法源依據（廢棄物清理法第十二條）及研擬執行計畫。

2. 先前宣導期：辦理製作宣導物品及執行宣導工作。

3. 宣導期：持續加強宣導為主，勸導為輔，由清潔隊加派稽查人員配合加強宣導，請民眾應於交運垃圾前先自行完成垃圾分類工作，並將資源垃圾及一般垃圾分別交由資源回收車及垃圾車收運。

4. 勸導期：持續執行勸導工作為主，對於未依規定於交運垃圾前自行實施分類之民眾，將勸導其將垃圾攜回完成分類後，再交由資源回收車及垃圾車收運。

5. 執行期：將執行依法告發處分作為，對於已實施垃圾分類但分類未完全之民眾，要求其把垃圾攜回完成分類後，再分別交由資源回收車及垃圾車收運。對於完全未實施垃圾分類且拒絕配合之民眾，將依廢棄物清理法告發處分。

十、民國96～101年，一般廢棄物資源循環推動計畫

於民國96年奉行政院核定開始推行「一般廢棄物資源循環推動計畫」，包括「推動垃圾強制分類工作」、「推動廚餘多元再利用工作」、「推動巨大廢棄物多元再利用工作」、「推動裝潢修繕廢棄物再利用工作」、「推動垃圾零廢棄工作」、「設置水肥處理相關設施工作」及「汰換老舊垃圾清運機具工作」等7項主要工作；同時鼓勵民間參與再生產業、設置資源化設施等，配合垃圾減量及資源回收後，推動垃圾清運業務委託民間及

垃圾跨縣市合作處理等工作。

十一、民國96年，汰換老舊垃圾清運機具

　　環保署於民國96～101年預計編列48.50億元執行「汰換老舊垃圾清運機具工作」，協助地方逐年更新2,803輛逾齡之老舊垃圾車。民國96～101年共補助汰換2,027輛老舊垃圾車後，地方6年以上老舊垃圾車之比率已大幅下降。

十二、民國99～101年，垃圾焚化灰渣再利用推動計畫

　　執行期程為民國99～101年，補助原則為民國99年補助地方政府實際委託再利用費之45%，以720元／公噸為上限。民國100年以後基本補助比率降至30%，以480元／公噸為上限，並依再利用量之多寡、使用於公共工程及轄區內之數量比率不同，給予不同比率之增額獎勵補助，最高補助比率可達60%；統計民國99～100年共計有110萬公噸底渣進行再利用。

十三、民國99年，推動搖籃到搖籃設計理念

　　我國率先於亞洲國家中，應用搖籃到搖籃設計理念於資源循環策略規劃，並於民國100年委託專業機構，針對搖籃到搖籃理念進行宣導及推廣，目前已有2家廠商之產品通過搖籃到搖籃銀級認證。另自民國100年起建置「臺灣搖籃到搖籃平台」，民國101年協助結合產、官、學、研等組織，共同成立「臺灣搖籃到搖籃策略聯盟」，成為推動搖籃到搖籃的重要交流管道。

十四、民國100年，資源循環政策規劃

　　行政院環境保護署於民國100年完成「資源循環政策規劃」，擬定我國未來資源永續管理之施政主軸為「資源永續立目標，循環利用創新局」，並朝「資源利用效率最大化」與「環境衝擊影響最小化」兩大施政目標前進，作為後續我國推動資源永續循環相關工作之政策依據。

　　在邁向資源循環的社會過程中，應從傳統的「廢棄物管理」逐漸轉向「永續物質／資源管理」，後續執行策略需提供驅動（driving force），以朝向遵循以下廢棄物管理優先順序及比重遞減的方向邁進：源頭減量（prevention）、促進再使用（preparing for reuse）、材質再利用（recycling）、能源再利用（other recovery）及最終處置（disposal）。

1. 建構永續物料管理系統。
2. 垃圾源頭減量及資源回收精進策略。
3. 推動環保再生材料或產品再利用。
4. 垃圾焚化廠轉型為生質能源中心示範計畫。
5. 興設離島地區生質能源中心。

十五、民國101年，補助應回收廢棄物

　　環保署於民國101年1月3日訂定「行政院環境保護署補助應回收廢棄物回收處理創新或研究發展計畫執行要點」，以補助方式推動應回收廢棄物回收處理創新與研究發展。其後於民國101年2月1日公開徵求補助計畫，並以生質塑膠回收處理、電子電器回收處理、各類廢電池回收處理及回收處理碳足跡為101年度重點補助主題，於民國101年5月10日核定補助15件創新研發計畫，補助金額1,929萬元。

十六、民國101年，垃圾焚化廠轉型為生質能源中心

　　依據環保署於民國101年4月30日通過之垃圾處理政策「政策環評」決議，對於「垃圾焚化廠轉型為生質能源中心」政策擬

選用新穎技術組合（如機械熱處理+焙燒）及送燃煤鍋爐混燒發電，於政策推動前應先進行「示範驗證」，以厚植論證基礎。

十七、民國104年6月15日，通過「溫室氣體減量及管理法」

民國104年6月15日立法院三讀通過「溫室氣體減量及管理法」，賦予政府因應氣候變遷，推行減緩與調適政策的法源基礎，我國正式邁入減碳時代，也是我國願共同承擔且落實減碳義務的積極宣示。本法架構的減量對策係以循序漸進且階段管理方式推動，不論是盤查登錄、查驗管理、效能標準及總量管制與交易制度，均為國際間現行配套作法，環保署將會同相關部會搭配具經濟誘因之政策工具推動落實，預期可創造綠色就業機會、提升國家競爭力，確保國家永續發展。

十八、民國105年，推動永續物料管理

廢棄物管理由末端處理轉型至資源循環再利用，永續物料管理（Sustainable Materials Management, SMM）係以物料鏈、價值鏈、物質足跡及廢棄物產生的驅動方式進行分析，俾使資源使用效率最大化及環境衝擊最小化。

　　建置資源再利用管理資訊系統，強化再利用資訊整合、再利用許可申請與審查，及再利用／資源化產品營運紀錄申報等功能，落實事業廢棄物再利用管理。透過擴大列管產出廢食用油事業、訪查並輔導小型餐飲業、納管廢食用油回收業者（小蜜蜂）、受理核發廢食用油回收工作證、加強稽查取締等方式掌握廢食用油流向，落實監督機制。拓展廢食用油再利用管道，將廢食用油轉酯化後添加於燃料油，提高廢食用油再利用價值，及檢討提升廢食用油再利用機構之製程技術，朝向再利用為生質柴油等綠色製程方向努力。

考古題

1. 依據廢棄物清理法之規定，事業廢棄物具備哪些要件，則禁止輸入？又我國現行資源回收四合一制度其基金運作機制為何？（105年普考）

2. 何謂循環經濟？其形成之背景因素為何？廢棄物處理與循環經濟之關聯性如何？（105年高考）

3. 請說明如何透過「資源回收」建立「循環型社會」，以達成「永續發展」之目標。（105年專技高考）

4. 請評估規劃相關事業廢棄物管理政策，以達到事業廢棄物零廢棄目標。（94年技師高考、98年高、102年高考二級）

5. 我國正推動「垃圾全分類零廢棄」計畫，試說明其設定目

標、工作項目及採行的配套作為。（94年簡任、94年普考）

6. 何謂垃圾全回收與零廢棄？其可能對生態系統的平衡與物質的循環造成何種效應或衝擊？試舉例並申論之。（94年高考）

7. 針對任一事業廢棄物的管制，試列出數個不可或缺的我國現行法規名稱，並略加以說明。（96年薦任升官等）

8. 說明行政院環境保護署自民國73年起分階段推動一般廢棄物清理業務之方案。（98年地特四等）

9. 試說明永續資源管理（Sustainable Resource Management）之要義，並說明我國資源循環政策規劃之重點方向與政策目標。（102年技師高考）

chapter 2

 總　論

接續「廢棄物管理大事記」之時間脈絡了解後，本章節介紹廢棄物相關之基礎知識，及廢棄物管理法規重點內容。唯有清楚基本定義，延伸學習能不斷的複習基礎知識，以達溫故之新之功效。

一、廢棄物定義

我國廢棄物清理法並未定義「廢棄物」一詞，但說明廢棄物分為：

1. 一般廢棄物：垃圾、糞尿、動物屍體或其他非事業機構所產生足以汙染環境衛生之固體或液體廢棄物。

2. 事業廢棄物：可分為有害事業廢棄物及一般事業廢棄物。

    (1) 有害事業廢棄物：由事業機構所產生具有毒性、危險性，其濃度或數量足以影響人體健康或汙染環境之廢棄物。

    (2) 一般事業廢棄物：由事業機構所產生有害事業廢棄物以外之廢棄物。

為改善廢棄物清理法並未定義「廢棄物」一詞之疏漏，資源循環利用法（簡稱資循法）草案修正如下：

1. 廢棄資源（＝廢棄物）：指具有下列性質之一，可以搬動方式移動之固態或液態物體：

    (1) 被拋棄。

    (2) 減失原效用、被放棄原效用、不具效用或效用不明。

(3) 於營建、製造、加工、修理、販賣、使用過程所生目的以外之產物。

(4) 經主管機關依（資循法）第八條第一項規定認定者。

2. 生活廢棄資源（＝一般廢棄物）：指家戶產生之廢棄資源、指定事業員工生活廢棄資源及其他非屬指定事業之廢棄資源。

3. 事業廢棄資源（＝事業廢棄物）：指指定事業產生非屬其員工生活產生之廢棄資源。

4. 有害廢棄資源（＝有害廢棄物）：指經中央主管機關公告具有毒性、危險性，其濃度或數量足以影響人體健康或汙染環境之廢棄資源。

◎廢棄物包含了「固態」廢棄物與「液態」廢棄物，並不包含「氣態」廢棄物，如排煙氣。

◎液態廢棄物未倒入承受水體前，以容器裝置時仍受廢棄物清理法規範，但當其已排入承受水體後則視同水體受水汙染防治相關法規規範。

◎法規中僅有「有害事業廢棄物」並無「一般有害廢棄物」，爰此，含汞電池之有害垃圾無歸屬之分類（法規疏漏之處）。需待資循法草案修正。

◎游離輻射之放射性廢棄物，依原子能相關法令規範。即核能廢料之清理責任在原子能委員會而非環保機關。資循法草案第一

條說明，游離輻射放射性廢棄資源之清理，依原子能相關法律之規定。

二、一般廢棄物與事業廢棄物之區分

區分關鍵為排出單位是否屬「事業」。依廢棄物清理法規定，事業係指農工礦廠（場）、營造業、醫療機構、公民營廢棄物清除處理機構、事業廢棄物共同清除處理機構、學校或機關團體之實驗室及其他經中央主管機關指定之事業。

◎攤販是否屬事業？不可僅依是否有營利行為或所得作為判斷事業基準。

◎資循法草案對於「事業」之定義為，指從事生產、製造、運輸、販賣、研究、工程施工與營利之公司、行號、機構、農工礦廠（場）、營造業、醫療機構、廢棄資源清理機構、學校或機關團體之實驗室及其他經中央主管機關公告者。

三、事業廢棄物代碼之編定原則

事業廢棄物的種類編予代碼之目的乃藉由現代化資訊管理系統，對事業機構、清除及處理事業廢棄物機構所申報的資料予以比對與篩選，以有效控制國內事業廢棄物之流向。

1. 有害事業廢棄物：A（製程）、B（毒性）、C類（特性認定）。

2. 非屬公告應回收或再利用之一般事業廢棄物：D類。

3. 混合五金廢料：E類。

4. 公告應回收或再利用廢棄物：R類。

5. 汙染土壤離場清運廢棄物：S類。

四、「產品」或「廢棄物」之區分

依環署廢字第1020009551號解釋函，原登記為產品，但事實上該產品已失市場價值，或因價格因素長期貯存而有棄置汙染環境之情形者，應改認定為廢棄物，並依事業廢棄物清除處理或再利用相關規定加強管理。

資循法草案第八條說明，產品或副產品，有下列情形之一，並有汙染環境、危害人體健康之虞者，得認定為廢棄資源（廢棄物）：

1. 已失市場價值。

2. 因價格波動而有長期違法貯存或棄置之虞。

◎101年高雄地勇選礦公司之爐碴認定事件。

◎102年台塑六輕「副產石灰」究屬產品或廢棄物爭議事件。

五、「目的事業主管機關」之定義

係指事業設立、營運所依據法令之訂定與管理機關。

1. 工廠、工業廢棄物→經濟部。

2. 畜牧廢棄物→農委會。

3. 醫療廢棄物→衛生福利部。

4. 營建廢棄物→內政部。

5. 科學園區→科技部。

六、我國廢棄物管理整體架構

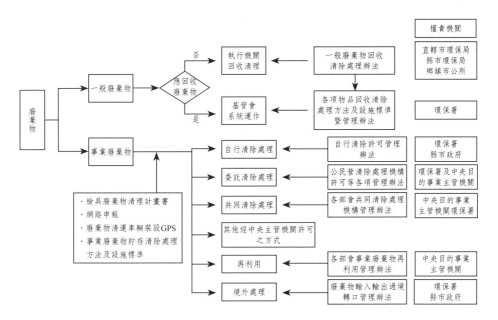

圖2-1　我國廢棄物管理整體架構

七、清除、處理及清理之名詞定義

	廢清法	資循法
清除	指廢棄物之收集、運輸行為。	於廢棄資源清理過程間收集、運送之行為。
處理	包括中間處理及最終處置。	指以物理、化學、生物、熱處理或其他處理方法,將廢棄資源分離、中和、減量、減積、去毒、無害化或安定化及最終處置之行為。
清理	指貯存、清除或處理廢棄物之行為。	廢棄資源之回收、清除、再生、處理之行為。
回收	—	於廢棄資源進行再生前,為收集、分類、貯存之行為。

◎清理=清除+處理。

◎廢清法未定義「回收」一詞。

八、廢棄物清理之責任歸屬

　　一般廢棄物清理責任在「執行機關」,事業廢棄物清理責任在「事業」。

◎國內現行環保法規僅有「廢棄物清理法」及「海洋汙染防治法」設有執行機關。

◎中央主管機關（行政院環境保護署）無設立執行機關，地方
　則為直轄市政府環境保護局、縣（市）環境保護局及鄉（鎮、
　市）公所。

◎在分工中，直轄市及省轄市環保局要負責回收、清除及處理3
　項工作，在縣部分鄉（鎮、市）工作則僅要負責回收與清除工
　作，處理工作則由縣環保局負責。

◎事業廢棄物由事業以自行、共同或委託清除處理（公民
　營）、境外（輸出、入）或再利用等方式處理。

九、廢棄物管理之主軸法規演進

　　自民國63年制定之「廢棄物清理法」至民國91年制定之
「資源回收再利用法」，以及目前正在立法院審查中之「資源循
環利用法」草案。

◎「資源回收再利用法」簡稱「資再法」；「資源循環利用
　法」簡稱「資循法」。

◎「資源回收再利用法」中定義若不屬「再生資源」，就是
　「廢棄物」。

◎資循法（草案）係合併「廢棄物清理法」與「資源回收再利用
　法」。

◎資循法（草案）將廢棄物視為被錯置的資源，正名為「廢棄資

源」，不再使用「廢棄物」。

十、廢棄物處理四大原則

「減量化」、「安定化」、「無害化」及「資源化」目標。

1. 減量化：減少廢棄物體積及重量，多為壓縮、濃縮等物理程序。

2. 安定化：廢棄物中有機質能安定化，不再起變化，多為厭氧分解、堆肥等生物程序。

3. 無害化：將廢棄物中有害物質安全化或無害化，多為焚化、水泥固化等化學程序。

4. 資源化：將廢棄物中可再用性之物料，回收再使用、再利用或能源回收。

十一、廢棄物處理層級（優先順序）

1. 應優先考量減少產生廢棄物。

2. 再使用。

3. 物質再生利用。

4. 能源回收。

5. 妥善處理。

十二、再生、再使用及再利用之間的關係

1. 再生：係從廢棄資源中重獲材料或能源之行為，包括再使用（reuse）及再利用（recycling）。

2. 再使用：指未改變廢棄資源原來形態，將其直接重複使用或經過適當程序恢復原功用或部分功用後使用之行為。

3. 再利用：指改變廢棄資源形態，或篩分或與其他物質摻合等後，產品再生產品供循環使用或能源回收之行為。

十三、「資源回收率」、「垃圾回收率」及「資源回收再利用率」之計算

1. 資源回收率＝〔（應回收廢棄物稽核認證量＋非應回收廢棄物回收量）／垃圾產生量〕×100%

2. 垃圾回收率＝巨大垃圾回收再利用率＋廚餘回收率＋資源回收率

3. 資源回收再利用率＝〔（資源回收量＋廚餘回收量＋巨大垃圾回收再利用量＋底渣再利用量）／垃圾產生量〕×100%

◎資源回收再利用率＞垃圾回收率＞資源回收率

十四、典型廢棄物處理流程

產源分類→收集清運→前處理→中間處理→最終處置。

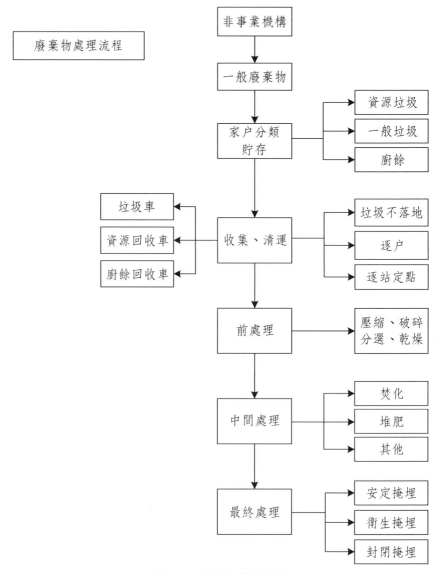

圖2-2　廢棄物處理流程

1. 前處理方法多為物理方法。
2. 中間處理多為生物及化學方法。
3. 最終處置多為生物方法。

十五、永續物質管理（sustainable materials management, SMM）

1. 目標：減少資源消耗、降低物質流的各種衝擊。
2. 範疇：包括廢棄物管理、自然資源管理、產品生命週期管理。
3. 策略：保存自然資源、推動環保化設計、運用多元化政策工具、納入所有利害相關者。
4. 做法：以生命週期為基礎之「整合性產品政策」（integrate product policy, IPP）。
5. 廢棄物管理層級順序如下：
   (1) 源頭減量：資源使用最小化。
   (2) 促進再使用：延長產品使用壽命。
   (3) 材質再利用：增加產品／物質再使用、再利用。
   (4) 再利用：提高資源回收效率。
   (5) 最終處置：廢棄物流向管制。

十六、廢棄物管理與資源回收架構

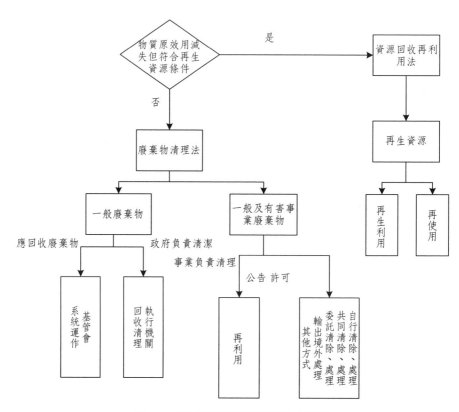

圖2-3 廢棄物管理與資源回收架構

◎廢棄物處理最小化原則，資源循環最大化原則。

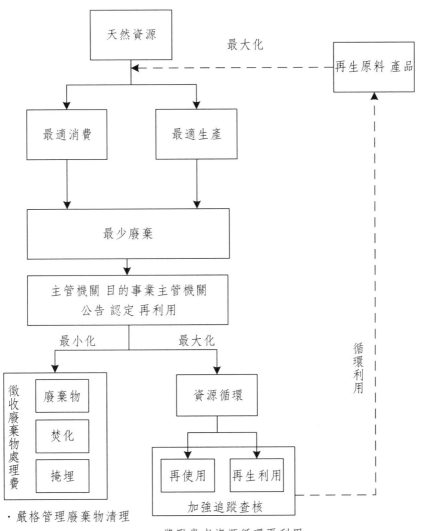

圖2-4　廢棄物管理與資源回收架構

十七、廢棄物清理之發展

演進	方法	說明
管末處理	廢棄物處置 （waste disposal）	指衛生掩埋、封閉掩埋、安定掩埋或海洋棄置廢棄物之行為。
	汙染控制 （pollution control）	利用行政或技術手段來控制汙染源削減其汙染排放量。
進階環境管理	生命週期的回收 （recycling）	將廢棄物轉化為有用物質或能量。
	減廢 （waste minimization）	工業界致力於採取源頭減量及回收再利用等措施，期減少廢棄物的體積、數量或危害性，俾利日後處理、處置或儲存，以減低目前或未來對人體健康及環境危害。
	製程的汙染防制 （pollution prevention）	四個優先順序，首先為源頭減廢，次為回收及回用，再次為處理，最終為最終處置。
最佳環境管理	清潔生產 （cleaner production）	持續地應用整合且預防的環境策略於製程、產品及服務中，以增加生態效益和減少對於人類及環境的危害。
	工業生態 （industrial ecology）	目標係在最大化其整體經濟績效的同時，最小化參與廠商生產與服務行為造成的全部環境影響，亦即最大化其生態效益。
	永續發展 （sustainable development）	滿足當代需求，同時不損及後代滿足其需要之發展。

十八、「汙染控制」及「汙染預防」之異同

1. 汙染控制（pollution control）係利用行政或技術手段來控制汙染源削減其汙染排放量。即製程的汙染物進行處理。

2. 汙染預防（pollution prevention）即為汙染控制、製程的改善及原料與資源的回收、利用。

◎清潔生產與汙染控制主要不同點在時間。汙染控制是在汙染生後的反應及處置方式，清潔生產是在汙染發生前的預防策略。

十九、4R的觀念演進至5R？甚至6R

1. 減量（reduce）：產品在設計製造時減少使用原物料、減少消耗能源與減少產生汙染，推行綠色設計，使用者也要減少使用量。

2. 再使用（reuse）：消費品買來後不需要時可轉再使用。

3. 回收再利用（recycle）：無法再使用時則將它回歸於原材料的狀態，如寶特瓶的PET，可回收做成瓶子或其他原料。

4. 能源回收（energy recovery）：若無法執行前述三原則，就進行能源回收。

5. 國土再造（land reclamation）：利用廢棄資源物進行填海造島（陸）可望解決廢棄物處理問題，產生新陸地。

6. 再設計（redesign）：經過再設計展現回收廢棄物的不同風貌。

◎4R係為前四者，5R則為4R加「國土再造」，6R為5R加「再設計」。

二十、零廢棄社會之建構

生垃圾不直接以掩埋為最終處置之方式，而應以源頭減量及資源利用方式進行資源再循環。所提之策略包括：

1. 落實推動資源回收再利用法。

2. 強化垃圾減量：強制垃圾分類、推動垃圾費隨袋徵收。

3. 加強執行資源回收：公告新回收項目、設置環保科技園區。

4. 推動再利用：強化廚餘回收再利用、強化巨大垃圾再利用、不可燃、不適燃及資源垃圾分選及處理。

5. 強化垃圾清運系統：補助地方政府逐步推動垃圾清理民營化，以提高清運效率。

6. 提升垃圾處理技術。

7. 規劃最終處置措施。

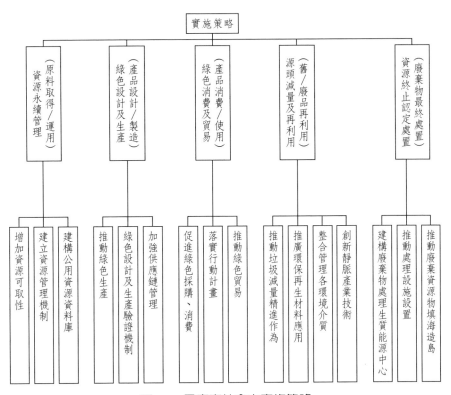

圖2-5　零廢棄社會之實施策略

考古題

1. 若為達成垃圾「全回收零掩埋」之目標，試以一個鄉鎮大小之規模為例，依工程觀點，設計並詳細說明家庭垃圾從產源至最終回收之可行的處理流程及其方法？（94年高考、95年地特三等）

2. 何謂廢棄物？其範圍包含哪些項目？其處理體制分別為何？
   （94年地特三等）

3. 請比較說明下列各組名詞間之差異及其在環境管理上的意
   義：（94年地特三等）

   (1)「再生能源（Renewable Energy）」與「資源回收再利
      用法」定義之「再生資源」。

   (2)「揮發性有機物（Volatile Organic Chemicals）」與家戶
      垃圾中的「有機廢棄物（Organic Municipal Waste）」。

4. 試說明我國「廢棄物清理法」與「資源回收再利用法」之管
   理制度上的主要差異性。（94年普考）

5. 試簡要說明「廢棄物清理法」之要義及運作方式。（94年普
   考）

6. 試說明推動垃圾分類資源回收工作應考慮之重點事項。（94
   年薦任）

7. 事業廢棄物由產生到處置的過程中，一般區分為產生（產
   源）、貯存、清除、中間處理及最終處置等階段，請問現行
   「廢棄物清理法」規範上述各階段之管理、管制作為有哪
   些？亦即請簡要說明事業廢棄物之管理、管制流程。環境工
   程師又可協助事業單位進行哪些規劃作業或代執行哪些申請
   項目？（94年技師高考）

8. 我國廢棄物清理法在民國77年及86年分別做了重要的修法，
   請簡述該兩次修法之重點及其對日後我國一般廢棄物清理及

回收之影響。（95年普考）

9. 請依我國「資源回收再利用法」，詳細說明與解釋事業機構於進行事業活動時，應循哪些原則或方式以減少資源之消耗，抑制廢棄物之產生，及促進資源回收再利用？（95年地特三等）

10. 依據我國現行法規，為達成資源永續利用，在可行之技術及經濟為基礎下，廢棄物管理之優先次序為何？並以廢輪胎為例，具體加以說明。（96年薦任升官等）

11. 請說明目前臺灣地區資源回收體系架構，並簡單說明其演變過程。（96年地特四等）

12. 為達成資源永續利用，試說明廢棄物管理之優先次序，並舉例一種廢棄物加以說明之。（97年普考）

13. 試就我國法規（如廢棄物清理法，事業廢棄物貯存清除處理方法及設施標準），解釋何謂「廢棄物」與「中間處理」？（97年地特四等）

14. 名詞解釋與簡答：再使用。（98年地特四等）

15. 公告應回收之廢棄物通常具有哪些特性？（98年地特四等）

16. 試以都市垃圾為例，說明廢棄物處理基本計畫之主要工作項目及所需基本資料。（99年普考）

17. 根據「資源回收再利用法」第二章源頭管理，試說明事業應遵行之指定事項。（99年地特四等）

18. 廢棄物處理之具體目標為「無害化」、「安定化」、「減量

化」與「資源化」，試舉例說明上述四大目標。（101年技師高考）

19. 試述一般廢棄物產生量與清運量之定義，其差異之主要因素為何？（102年普考）

20. 試述都市垃圾所具之生物與化學特性，並說明常採用兼具能／資源回收的處理程序及產物。（102年普考）

21. 試說明規劃整併現行之「廢棄物清理法」與「資源回收再利用法」之理由。（102年薦任升官等）

22. 依據資源永續利用之原則，利用生命週期分析方法評估寶特瓶生產、使用、廢棄後處理、處置、回收利用、再生產品廢棄等各階段對於環境之影響。（103年高考）

23. 設以政府角度，參照我國現有的廢棄物清理法與資源回收再利用法，輔以舉例說明某行政區域或某產業排棄的單一類別之物料或廢棄物，應如何規劃其資源回收再利用或清除處置，及其延伸的相關管理措施？（104年地特三等）

24. 請定義：（104年薦任升官等）
 (1) 資源回收率
 (2) 垃圾回收率
 (3) 每人每日垃圾清運量
 (4) 每人每日垃圾產生量

25. 試以都市垃圾之回收、清除、處理為例，說明直轄市與縣（市）之「主管機關」及「執行機關」為何？各該機關之權

責內涵為何？（104年普考）

26. 依我國「有害事業廢棄物認定標準」規定，有害事業廢棄物之分類及其適用代碼為何？（104年地特三等）

27. 事業機構應遵循哪些原則，以減少資源之消耗、抑制廢棄物之產生及促進資源回收再利用？（105年地特三等）

28. 為減少電子廢棄物處理之環境負荷，歐盟推動環保三大指令，試分別說明WEEE、RoHS、EuP之意義及主要管制內涵。（105年高考）

廢棄物種類與特性

　　本章介紹廢棄物的「質」與「量」，「質」的部分，包括垃圾物理、化學性質，「量」部分包括垃圾量、採樣、分類、清運等程序應學習之知識。

一、影響垃圾產量及清運量之因素

1. 生活水準與習慣：大量生產、大量消費的經濟氛圍下，生活水準提高，國民所得增加，垃圾產量增加。

2. 收集次數：國內有許多都市將每週垃圾清運次數由6天改為4天，除可節省清運人力外也可降低垃圾量。

3. 廢棄物利用與資源回收：資源回收率提升，資源回收量增加，垃圾產量減少。

4. 自行處理程度與方式：國內甚少家戶自行處理（如堆肥），而是委託民間清除業者清運，非由執行機關（清潔隊）清運。此部分垃圾未計入該轄區所管之垃圾產生量中。

5. 垃圾分類收集方式之推行：垃圾分類確實，垃圾產生量減少。

6. 地方政府財政狀況與收費方式：收費較高，垃圾產量減少。若採「隨袋徵收」清除處理費，民眾負擔清除處理費增加，則可促使民眾確實分類，有助垃圾減量。

7. 事業廢棄物之代運與代處理：事業廢棄物若大量委託給民間清除業者清運或由處理業者代處理，則其進入執行機關之清

理系統量就減少，導致垃圾量減少。

8. 季節變化：一般認為春節所在月份垃圾產量較大。

9. 地理位置：臺灣北部冬季降雨量多，垃圾含水率較南部高，所以垃圾量較重。

10. 公眾認識與合作態度：垃圾分類教育成功，民眾配合度高，垃圾量下降。

11. 其他：如天災（921地震、88風災）會使垃圾量暴增，強制垃圾分類之落實稽查會使垃圾量下降等。

◎民國87年時每人每日垃圾量達1.149 kg／人-日，自87年開始明顯降低，民國105年每人每日垃圾量達0.867kg／人-日（每人每日垃圾清運量0.364 kg）。推動垃圾分類與資源回收工作已有成效。

二、垃圾之物理、化學性質分析

◎參考行政院環境檢驗所公告之「一般廢棄物（垃圾）採樣方法」（NIEA R124.00C），物理分類為「可燃物」與「不可燃物」：

1. 可燃物：紙類、纖維布類、木竹、稻草、落葉類、廚餘類、塑膠類、皮革與橡膠類、其他類，共7項。

2. 不可燃物：鐵及非鐵金屬類、玻璃類、其他不燃物，共4項。

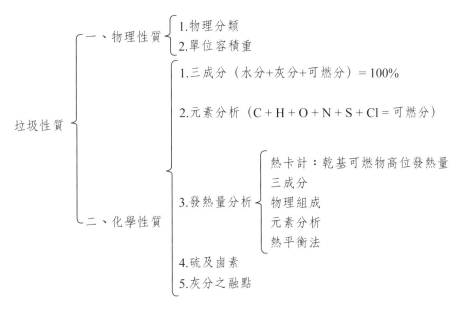

圖3-1　垃圾性質

組成	分類細項
紙類	報紙、硬紙板、瓦楞紙雜誌、書籍、包裝紙、紙袋、廣告傳單、信函、辦公室用紙、電腦報表紙及其他如衛生紙、紙尿布、鋁箔包、紙杯、紙盤、空盒、相片、濾紙等。
纖維布類	衣物，如帽子衣褲等、地毯、毛手套、裁縫布料、棉花、紗布及其他纖維、人造纖維布類製品。
木竹稻草類	免洗筷、街道或公園落葉、居家環境落葉、修剪草坪灌木之雜草或枯枝、婚喪喜慶之花飾植物、市場捆綁蔬果之乾稻草束、木製玩具、其他如掃柄、圍籬及木製家俱等。
廚餘類	廚房及餐廳烹調所剩餘之動植物性渣屑、用餐後所剩餘之菜渣、菜汁、湯汁、動物死屍、市場剩餘丟棄之動植物等。
塑膠類	PVC、HDPE、LDPE、PET、PS、發泡PS、PP及其他塑膠材質之容器、生活用品、玩具、包裝材料等。
皮革橡膠類	皮鞋、皮帶、球鞋、氣球、籃球及其他如橡膠墊片等。
鐵金屬類	鐵、鋼、馬口鐵及其他含鐵金屬成分磁鐵可吸之金屬。

組成	分類細項
非鐵金屬類	鋁容器、鋁門窗及其他有色金屬如眼鏡架、銅線、合金等。
玻璃類	透明、棕色及綠色玻璃容器或平板玻璃，其他玻璃珠、玻璃藝品等。
其他不燃物（陶磁、砂土）	陶土花瓶、碗盤、建築廢料如水泥塊、石膏、瀝青等及其他無法由外觀判斷分類，以5 mm篩網篩分，留於篩網上之物質。
其他（含5 mm以下之雜物）	無法分類有機物質及經由篩分篩選出來5 mm以下之物質。

◎單位容積重（bulk density）：亦稱為容積密度，係指單位體積垃圾之重量。因垃圾體積中含空氣占據之孔隙，故又稱為外觀密度或假比重，單位為kg/m³。

三、垃圾三成分及其近似分析之關係

1. 三成分＝水分％＋灰分％＋可燃分％＝100％

2. 近似分析＝水分％＋灰分％＋揮發分％＋固定碳％＝100％

◎近似分析是將三成分分析之「可燃分」進一步分成「揮發分」及「固定碳」。

◎可燃分和可燃物不同！可燃分是化學成分由碳、氫、氧、氮、硫、氯、磷及鉀元素分析值所組成；可燃物是物理分類中7項組成。

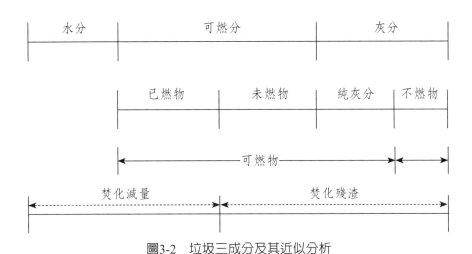

圖3-2 垃圾三成分及其近似分析

三成分組成	可燃分		灰分		水分	
化學成分	碳氫氮氧硫氯 CHNO SCl		純灰分	不燃物	固有水分	附著水分
烘乾乾基 物理組成	紙	廚餘	塑膠	不燃物		
	可燃物					
風乾乾基 物理組成	紙	廚餘	塑膠	不燃物		
濕基 物理組成	紙	廚餘		塑膠	不燃物	

圖3-3 垃圾三成分及對應之化學／物理組成

四、廢棄物主要之元素分析項目

包括碳、氫、氧、氮、硫、氯、磷及鉀元素。廢棄物考慮進行焚化處理，需進行碳、氫、氧、氮、硫、氯等6個元素分析；若採堆肥處理，則需增加磷及鉀項目。

◎C＋H＋O＋N＋S＋Cl＝可燃分（約4,500 kcal/kg）

五、廢棄物發熱量及其用途

測值為焚化系統熱平衡計算之重要參數。一般垃圾之低位發熱量（LHV）以1,000 kcal/kg作為垃圾自燃之界限，超過此下限不需添加輔助燃料。故含熱量愈高之垃圾其焚化之經濟效益愈高。

1. 乾基高位發熱量（廢棄物焚化前本身之熱量）

係指垃圾經乾燥、破碎等前處理後於實驗室以熱卡計實測所獲得之實驗值。此時燃燒反應生成之水分為液態，故本熱量測值包括水分凝結熱，單位為kcal/kg。

乾基高位發熱量＝乾基可燃物高位發熱量

$$× （乾基垃圾中可燃物所占之比例）　　(3-1)$$

2. 濕基高位發熱量（HHV）

係指垃圾經完全燃燒後，垃圾之水分及燃燒生成之水分皆為「液態」（不蒸發）時之總發熱量，單位為kcal/kg。總發熱量＝實測發熱量

$$濕基高位發熱量＝乾基高位發熱量 \times \frac{100 - W}{100} \qquad (3-2)$$

$$W = 生垃圾含水率（\%）$$

3. 濕基低位發熱量（LHV）

係指垃圾經完全燃燒後，垃圾之水分及燃燒生成之水分皆為「氣態」時之總發熱量，單位為kcal/kg，即淨發熱量。

$$LHV = HHV - 凝結熱 \qquad (3-3)$$

$$LHV = HHV - 6(W + 9H) \qquad (3-4)$$

$$H = 生垃圾中氫含率（\%）$$

◎因焚化系統內高溫條件之水分主要以蒸氣存在，故LHV較接近焚化系統中之垃圾燃燒反應之放熱量。

六、由三成分推算廢棄物發熱量

假設廢棄物發熱量主要係由可燃分燃燒放熱產生,故可將可燃分產生熱量扣除水分蒸發之潛熱算得。可燃分之平均發熱量為4,500 kcal/kg:

$$HHL = 45V - 6W \tag{3-5}$$
$$V = 生垃圾之可燃分(\%)$$

七、利用Dulong、Steuer及Scheurer-Kestner公式推估廢棄物發熱量

1. Dulong:(假設氧燃燒皆化合成水)

$$LHV = 81C + 342.5\left(H - \frac{1}{8} \times O\right) + 22.5S - 6(W + 9H) \tag{3-6}$$

2. Steuer:(假設氧燃燒一半化合成水,另一半化合為CO)

$$LHV = 81\left(C - \frac{3}{8} \times O\right) + 57 \times \frac{3}{8} \times O + 345\left(H - \frac{1}{16} \times O\right) + 25S - 6(W + 9H) \tag{3-7}$$

3. Scheurer-Kestner:(假設氧燃燒皆化合成CO)

$$LHV = 81\left(C - \frac{3}{4} \times O\right) + 342.5H + 22.5S + 57 \times \frac{3}{4} \times O - 6(W + 9H) \tag{3-8}$$

C＝碳之元素分析組成（％）。

H＝氫之元素分析組成（％）。

O＝氧之元素分析組成（％）。

S＝硫之元素分析組成（％）。

八、具代表性之廢棄物樣品採集方法（四分法）

廢棄物採樣程序如下：

1. 依所需之目的及地區之性質，妥善劃分採樣區域。

2. 於區域中選定具代表性之垃圾車2輛以上之垃圾，作為樣品來源（同一區域之車輛不得重複）。

3. 採樣區域之垃圾量低於300 ton/day者，選定2輛車之垃圾量為樣品；垃圾量超過300 ton/day者，超出部分每200車次，增加1輛車之垃圾量為原則。

4. 將選定垃圾車之垃圾，全部傾倒於足夠面積之平地上，去除廢冰箱、電視機等無代表性之垃圾，並將其他巨大垃圾抽出另予破碎。

5. 將成袋之垃圾抖散，再以機械或人工予以充分混合攪拌。

6. 將混合後之垃圾分為4堆，捨棄其中對角2堆後，再將剩餘之2堆充分混合，再繼續分成4等分，捨棄其中對角2堆。

7. 重複上一程序，直至垃圾剩餘略多於0.1 m^3為止。

九、一般廢棄物之採樣分析流程

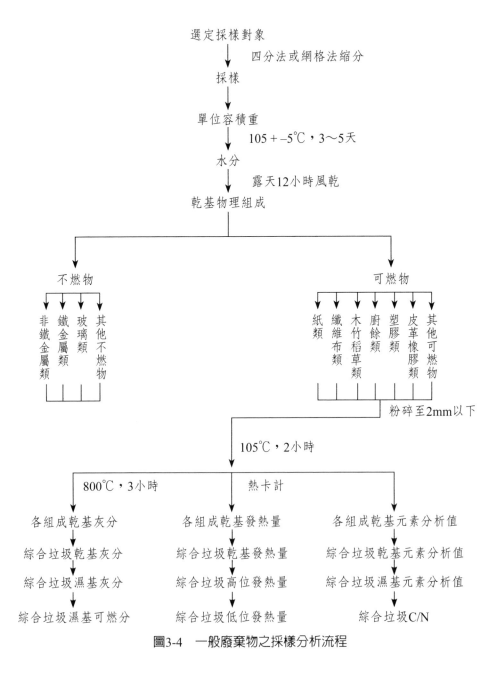

圖3-4　一般廢棄物之採樣分析流程

　　參考行政院環境檢驗所公告之「一般廢棄物（垃圾）檢測方法總則」，重點說明如下：

1. 單位容積重：參考「一般廢棄物（垃圾）單位容積重測定方法 —— 外觀密度測定法」，避免樣品運送過程及保存產生之干擾，應於採樣現場檢測此項目。

2. 垃圾組成成分水分：參考「一般廢棄物（垃圾）水分測定方法」，於採樣現場完成「單位容積重」測定之樣品，立即進行分類、分裝、秤重、記錄後，再將樣品送回實驗室烘乾測得樣品組成成分水分。

   垃圾於105度條件下加熱至恆重（3～5天），樣品中水分受熱揮發導致之重量減少率。

$$含水量（\%）= \frac{（最初重量）-（烘乾後重量）}{（最初重量）} \times 100\% \quad (3\text{-}9)$$

3. 熱值：參考「廢棄物熱值檢測方法 —— 燃燒彈熱卡計法」，本方法所測得之熱值為乾基高位熱值，再以計算方式求得濕基高位熱值及濕基低位熱值。

4. 揮發分：在950度溫度條件下將廢棄物或垃圾置於加蓋坩鍋中無氧加熱7分鐘後樣品中有機物受熱揮發導致之重量減少率。

$$揮發分 = \frac{初重 - 加熱（600度）後重}{初重} \quad (3\text{-}10)$$

5. 固定碳：揮發分去除後剩餘之可燃性殘留物。

$$固定碳（\%）= 100 -（含水量 + 灰分 + 揮發分） \quad (3\text{-}11)$$

6. 灰分：參考「廢棄物中灰分、可燃分測定方法」，上一步驟之水分測定後即刻進行本項檢測。

　　將廢棄物或垃圾置於「不」加蓋之坩鍋中加熱燃燒後殘留灰燼之重量百分率。

$$廢棄物 \xrightarrow{\text{1小時內慢慢加熱}} 500度 \xrightarrow{\text{加熱}} 800度 \xrightarrow{\text{加熱2小時}} 灰分$$

$$灰分 = \frac{加熱（800度）後殘餘重}{初重} \quad (3\text{-}12)$$

十、事業廢棄物之採樣分析流程

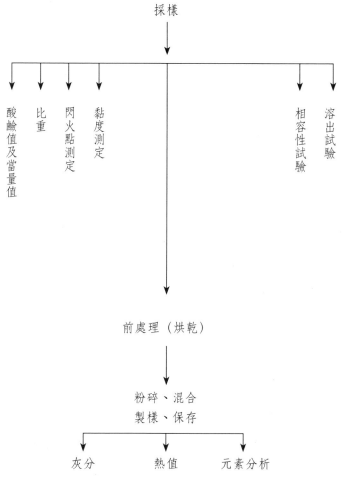

圖3-5　事業廢棄物之採樣分析流程

　　參考行政院環境檢驗所公告之「事業廢棄物檢測方法總則」（NIEA R101.02C），重點說明如下：

1. 重金屬類：檢測重金屬時，必須先將樣品依其特性選擇適當

前處理消化方法，使待測金屬成為溶解性離子狀態，再選擇使用原子吸收光譜儀（AAS）、或是感應耦合電漿原子發射光譜儀（ICP-AES），參考「重金屬檢測方法總則（NIEA M103）」。

2. 有機化合物類：有機化合物檢測，亦需依其樣品特性及檢測化合物性質，選擇適當之稀釋、萃取、淨化或濃縮等前處理方法製備樣品，再選擇適當之檢測方法使用合適之儀器設備執行檢測。

3. 有害特性認定：依本署公告之有害事業廢棄物認定標準共分為毒性、溶出毒性、腐蝕性、易燃性、反應性、感染性、石綿、多氯聯苯及其他等有害事業廢棄物。除感染性類由產生來源處認定不經由檢測執行外，各類檢測分別敘述如下：

(1) 毒性：參照廢棄物或本署公告個別毒性化學物質成分含量之檢測方法檢測之。

(2) 溶出毒性：樣品依據公告「事業廢棄物毒性溶出程序（NIEA R201）」執行溶出程序。執行時需要配合待檢測項目特性為重金屬類、半揮發性有機物類或揮發性有機物類，選擇適用之萃取容器如塑膠瓶、玻璃瓶或零空間萃取器（ZHE）進行萃取，再將溶出液依據檢測項目，使用適當檢測方法檢測之。

(3) 腐蝕性：廢液或固體廢棄物pH值：依據「廢棄物之pH值測定方法（NIEA R208）」檢測之。廢液腐蝕速率：依據

「廢棄物對鋼之腐蝕速率檢測方法（NIEA R209）」檢測之。

(4) 易燃性：廢液閃火點：依據「廢棄物閃火點測定方法——潘馬氏法（NIEA R210）」或「液體閃火點測定方法——快速閃火點法（NIEA R211）」測定之。醇類濃度：依據「土壤及事業廢棄物中非鹵有機物檢測方法——氣相層析儀／火焰離子化偵測法（GC/FID）（NIEA M611）」。

(5) 反應性：含氰鹽：樣品先依據「廢棄物中可釋出氰化氫檢測方法（NIEA R405）」進行處理，再依「總氰化物與可氯化之氰化物檢測方法（NIEA R407）」檢測其含量。硫化物濃度：樣品先依據「廢棄物中可釋出硫化氫檢測方法（NIEA R406）」進行處理，再依「酸可溶與酸不溶性硫化物檢測方法（NIEA R408）」檢測其含量。

(6) 感染性。

(7) 石綿：檢測時應在具備適當抽排氣設備下，依據「含石綿物質及廢棄物中之石綿檢測方法（NIEA R401）」檢測之。

(8) 多氯聯苯：依據有機物樣品製備方法一覽表，選擇適當的樣品前處理方法，若樣品需淨化可選擇適當的淨化方法，然後再依據「多氯聯苯檢測方法——毛細管柱氣相層析法（NIEA M619）」。或依據「絕緣油中多氯聯苯檢測方法——氣相層析儀／電子捕捉偵測器法（NIEA T601）」

檢測。

4. 其他：

(1) 抗壓強度：事業廢棄物固化物之抗壓強度測定，依據「事業廢棄物之固化物單軸抗壓強度檢測方法 —— 單軸抗壓強度在100 kgf/cm^{2}以上之固化物（NIEA R206）」或「事業廢棄物之固化物單軸抗壓強度檢測方法 —— 單軸抗壓強度小於100 kgf/cm^{2}之固化物（NIEA R207）」測定。

(2) 含水分：參考「廢棄物含水分測定方法 —— 間接測定法（NIEA R203）」檢測。

(3) 灰分：參考「廢棄物中灰分測定方法（NIEA R204）」。

(4) 可燃分：參考「廢棄物中可燃分測定方法（NIEA R205）」。

十一、事業廢棄物焚化處理單元與進料分析之關係

1. 元素

(1) 含鹵素及硫之廢棄物焚化後會產生HCl、HF、H$_2$S及SO$_2$等危害性氣體（Br$_2$及I$_2$之氫化物較不易形成）。可藉由洗煙塔（scrubber）中和

(2) 含氯量過高之廢棄物焚化時，應加輔助燃料提供足夠之

氫基（通常HCl＞5），使氯能形成易受中和之HCl而非 Cl_2。

2. 金屬成分

(1) 廢棄物中若含有稀有金屬（As、Ba、Cd、Cr、Pb、Hg、Se、Ag等），需特別注意其在進料中含量及可能排放之濃度。

(2) 若焚化後灰燼或廢氣處理設備中飛灰含過量之重金屬，則會被判定為有害事業廢棄物。

3. 灰分

(1) 灰燼中含鈉及硫分較多時，高溫下形成碳酸鈉及硫酸鈉混合物有較低熔點（可低至600度左右），使得爐渣易呈熔融狀態。

(2) 灰燼中矽成分較多時，可提高爐渣之熔點。

4. 動黏度

(1) 通常動黏度在1,000 centistoke以下，可用泵或管線輸送；如果動黏度過高時，則應考慮加熱或其他輸送方式。

(2) 動黏度數據可提供液體輸送動力需求計算，亦可供給噴注燃燒器（burner）的霧化器選用及操作之依據。

5. 熱值

(1) 廢棄物之熱值必須提供焚化時足夠之操作溫度及爐壁散熱

損失。

(2) 熱值除實測外，亦可用元素分析數據推估。

6. 其他

　廢棄物之閃火點、酸鹼值、相容性均可提供廢棄物焚化進料前貯存及混合操作條件及安全防護措施之依據。

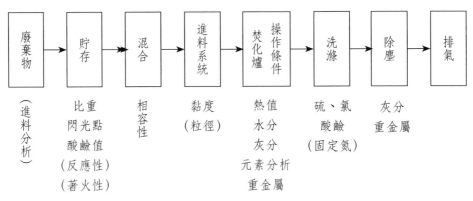

圖3-6　事業廢棄物焚化處理單元與進料分析之關係

十二、我國垃圾性質之重要參數

1. 簡略估算水分約50%、可燃分約40%、灰分約10%。

2. 垃圾之LHV約1,800～2,000 kcal/kg。

3. 垃圾濕基組成中紙類、廚餘類及塑膠類約占90%左右，其中紙類含量最高，其次為廚餘類，再者為塑膠類。

4. 可燃分均占垃圾40%以上。

5. 重金屬鉛、鋅、銅、鉻及鎘之平均含量較高。

6. 變化趨勢：

    (1) 物理組成比例稍呈增加。

    (2) 紙類及塑膠類逐年降低。

    (3) 廚餘類、金屬及玻璃類之組成比例及垃圾中所占之總量逐年降低。

十三、我國垃圾處理計畫

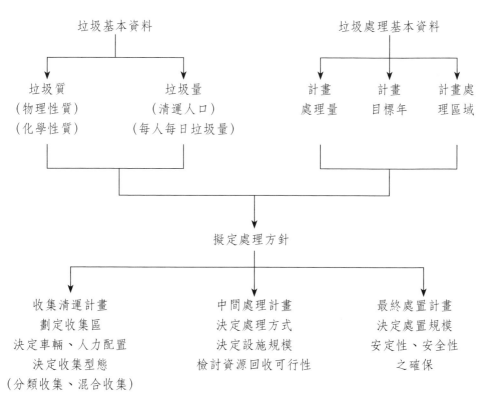

圖3-7　我國垃圾處理計畫

◎垃圾產生量＝垃圾清運量＋巨大垃圾回收再利用量＋廚餘回收量＋資源回收量

◎計畫每人每日排出量（產生量）＝全年總清運量（公噸／年）／該年度之清運人口（人）

◎計畫處理量＝（計畫清運人口×計畫每人每日垃圾產生量）＋直接運入量

◎垃圾處理妥善率＝（焚化量＋衛生掩埋量＋巨大垃圾量＋廚餘回收量＋資源回收量）／垃圾產生量

十四、有害物質與有毒物質定義之異同

1. 有害（hazardous）物質：係指物質在某種使用情況或數量下，可能會產生危害，如易燃、易產生爆炸或劇烈化學反應的物質。

2. 有毒（toxic）物質：係指物質的某種特性會造成人類健康的危害，如致癌、造成遺傳突變或畸型胎兒的物質，其屬於內在、實質的特性。

十五、有害物質特性

1. 易燃性（ignitability）：美國RCRA規定閃火點等於或低於華式140度者，為易燃性之有害廢棄物。

2. 腐蝕性（corrosivity）：廢棄物具有下列特性之一者：

   (1) pH ≤ 2.0或pH ≥ 12.5。

   (2) 在55度，腐蝕鋼的速率每年超過0.635 cm。

3. 反應性（reactivity）：廢棄物具化學不穩定性，或極端反應性，能與空氣或水或其他化學劑起強烈的反應。

4. 急毒性（toxicity）：廢棄物對生物體結構造成破壞或功能紊亂的一種潛能，是一般民眾最關心的廢棄物特性。

5. 感染性（infectiousness）：指帶有微生物或寄生蟲，能致人體或動物疾病之廢棄物。

6. 生物累積性（bioaccumulation）：指汙染因子能隨時間在生物組織上累積，增加濃度而造成危害者。

7. 致突變性、致癌性或畸胎性（mutagenicity carcinogenicity or teratogenicity, MCT）：指廢棄物能使遺傳基因結構產生永久性改變，或誘發癌症，或導致後代之軀體或官能缺陷者。

8. 其他物化特性：如放射性或其他物化性質。

◎可參考我國有害事業廢棄物認定標準。

十六、生物性事業廢棄物

　　係指事業機構於醫療、檢驗、研究製造過程中產生之下列

廢棄物:

1. 廢棄物之感染性培養物、菌株及相關生物製品:係指醫學及病理學實驗室廢棄之培養物,研究單位及工業實驗室之感染性培養品及菌株,生物製品製造過程產生之廢棄物,及其他廢棄之活性疫苗、培養皿及相關用具。

2. 病理學廢棄物:係指手術及驗屍取出之組織、器官、殘肢等。

3. 廢棄之人體血液及血液製品:包括血清、血漿及其他血液組成。

4. 廢棄之尖銳器具:於醫學、研究及工業等實驗室中曾與感染性物質接觸,或用於醫護行為而廢棄之尖銳器具,包括注射針頭、注射筒、輸液導管、手術刀、曾與感染性物質接觸之破裂玻璃器皿等。

5. 汙染之動物屍體、殘肢、用具:於研究、生物製品製造、藥品實驗等過程接觸感染性物質或經檢疫廢棄及因病死亡之動物屍體、殘肢及用具。

6. 手術及驗屍廢棄物:係指因醫療、驗屍、試驗行為使用過而廢棄之衣物、紗布覆蓋物、導尿管、排泄用具、褥墊、手術用手套等。

7. 實驗室廢棄物:係指醫學、病理學、藥學、商業、工業、檢疫及其他研究實驗室中與感染性物質接觸之廢棄物,包括抹片、蓋玻片、手套、實驗衣,口罩等。

8. 透析廢棄物：係指進行血液透析時與病人血液接觸之廢棄物，包括導管、濾器、手巾、床單、手套、口罩、實驗衣等。

9. 隔離廢棄物：係指罹患傳染性疾病需隔離之病人或動物之血液、排泄物、分泌物汙染之廢棄物。

10. 其他廢棄物：包括與感染性物質接觸之廢棄醫療器材或其他經會同目的事業主管機關認定對人體或環境具危害性者。

考古題

1. 請簡要說明廢棄物之高位發熱量（higher heating value, HHV）及低位發熱量（lower heating value, LHV）的定義及量測方式。（97年高考、98年地特四等、100年高考）

2. 請詳細說明及比較下列事業廢棄物之清理方式（含相關法規）。（96年技師高考）

   (1) 自行清除、處理。

   (2) 共同清除、處理。

   (3) 委託清除、處理。

   (4) 再利用。

3. 回收都市廢棄物中個別的資源物質時有哪些方法？又分別可以採用哪些設備？（94年地特三等）

4. 如何推估垃圾產生量？請舉一城市為例子作說明。（96年地

特三等)

5. 試說明測定垃圾含水率及單位容積重之方法,以及其在都市垃圾清除處理作業上之重要性。(96年普考)

6. 某一都市垃圾含水率60%,經檢測分析後,其乾基高位發熱量為3,500 kcal/kg,且元素組成中,H = 2.1%,試求此一都市垃圾之濕基低位發熱量(kcal/kg)。(98年薦任升官等)

7. 垃圾性質分析中,可燃物與可燃分各如何分析?兩者代表的意義有何差別?(100年普考)

8. 含氯有機廢溶劑有哪些可行的處理方法?詳細說明其原理、方法與適用範圍。(100年高考)

9. 試列出計算式說明計畫每人每日垃圾產生量與清運量之求法,並說明我國近二十年來產生量與清運量之變化及其原因。(100年技師高考)

10. 依規定不相容之廢棄物不得合併貯存,何謂不相容?(101年普考)

11. 垃圾性質分析中,「固有水分」與「附著水分」如何測得?(101年地特四等)

12. 垃圾樣品之化學性質分析,如何測得C/N值?(101年地特三等)

13. 假設某混合廢棄物之個別物理及化學組成分如下表所示,請估算此混合廢棄物之總熱值(Btu/lb)?(103年地特四等)

組成分	重量百分比（%）	熱值（Btu/lb）
紙張	50	7000
廚餘	20	2000
塑膠	30	15000

14. 元素分析項目可包括哪些元素？就各式廢棄物處理運作考量，為什麼要量測這些元素？（103年地特三等）

15. 由元素分析結果推估垃圾樣品之發熱量，常見下列三公式。比較三者基本假設之差別，並說明公式中差異處之原因。（103年技師高考）

Dulong 式：$Hl = 81C+342.5(H-O/8)+22.5S-6(9H+W)$

Scheurer–Kestner 式：$Hl = 81(C-3O/4)+342.5H+22.5S+57×3O/4-6(9H+W)$

Steuer 式：$Hl = 81(C-3O/8)+57×3O/8+345(H-O/16)+25S-6(9H+W)$

16. 一般廢棄物單位容積重（外觀密度）之測定結果，常可作為垃圾採樣樣品代表性與否的參考指標。試回答下列問題：（104年高考）

(1) 請說明一般廢棄物單位容積重（外觀密度）測定方法之干擾因子、步驟及品質管制應注意之事項。

(2) 若標準不鏽鋼製採樣箱（0.5 m×0.5 m×0.4 m高）空重為15 kg，經標準採樣作業程序採集之垃圾，進行重複分

析，經磅秤分別稱得重量為32.5 kg及37.5 kg，試問該垃圾樣品之單位容積重為何？是否具有代表性？請說明原因。

(3) 若需進行第三次單位容積重測試，經磅秤稱得重量為35.5 kg，試問採集之樣品是否具有代表性？請說明原因。該垃圾樣品最終之單位容積重為何？

17. 某廢棄物含水分60%，C=12%，H=1.2%，O=6.1%，N=0.5%，乾基高位發熱量為2,500 kcal/Kg，試求濕基低位發熱量？（104年普考）

18. 某廢棄物近似分析結果：水分40%，固定碳10%，揮發分20%，HHV=1,150 kcal/kg，凝結熱=150 kcal/kg，試求此廢棄物之：（104年薦任升官等）

(1) 濕基灰分

(2) 濕基可燃分

(3) 乾基可燃分

(4) LHV

19. 某一廢棄物之重量為1 kg，乾燥後為0.5 kg，而將其焚化後，只剩0.1 kg，不含水分之可燃份元素分析結果為C=50%、H=15%、O=33%、S=2%，乾基可燃物高位發熱量為7,820 kcal/kg，試求其濕基低位發熱量（kcal/kg）？（104年地特三等）

chapter *4*

分類收集貯存與清運

　　廢棄物產出後，其收集、分類、貯存為產出者首要執行之工作，清運工作則可能委由合格之廢棄物清運公司或者產出者自行處理。做好廢棄物前端之收集、分類工作，有助於減少後端程序花費多餘的能源與資源。

一、名詞定義

1. 分類：指一般廢棄物貯存、回收、清除及處理過程中，將同類別性質者加以分開之行為。
2. 貯存：指一般廢棄物於回收、清除、處理前，放置於特定地點或貯存容器、設施內之行為。
3. 排出：指一般廢棄物送出家戶或其他非屬事業之行為。
4. 回收：指將一般廢棄物中之資源垃圾、巨大垃圾及廚餘分類、收集之行為。
5. 清除：指下列行為：
   (1) 收集、清運：指以人力、清運機具將一般廢棄物自產生源運輸至處理場（廠）之行為。
   (2) 轉運：指以清運機具將一般廢棄物自產生源運輸至轉運設施或自轉運設施運輸至中間處理或最終處置設施之行為。

◎試與資循法草案之「回收」定義比較。

二、貯存容器需合乎之條件

1. 汙水、臭味不外洩。

2. 可密封,使雨水不入侵,蚊、蠅、病媒等不孳生。

3. 不易被貓、狗等動物破壞。

4. 可穩定放置。

5. 不致妨礙觀瞻。

6. 重量輕、強度夠、操作時不易產生噪音。

7. 垃圾集運作業方便。

8. 規格化且能適合垃圾車之型式。

9. 配合分類工作之進行。

◎若是執行機關設置或輔導公共場所及營業場所設置「資源垃圾回收桶」,其標示應符合下列規定:

1. 正面之適當位置標示資源回收標誌及直式「資源回收桶」字樣。

2. 依資源回收桶設置種類標示資源垃圾類別字樣。

3. 側面標示設置單位名稱。

◎貯存容器之選擇:

1. 密閉性:避免使用封閉性不佳之容器,以免導致廢棄物飄散、散發臭味及蚊蟲病媒孳生,造成民眾不滿或抗爭。

2. 便捷性：需與清潔機具、收集方式等配合，採用構造簡單、容易操作搬運與歸位、易辨識、不易破裂之容器，以減輕清運工作負擔及避免廢棄物散落。

3. 廢棄物之質量及特性：依廢棄物之特性，如分可燃及不可燃等來選擇適當之容器。

4. 占地空間：避免容器太大浪費空間，但亦應避免太小導致廢棄物隨地丟棄。

5. 美觀：除了易於辨識外，需將容器加以美化，以避免妨礙觀瞻。

6. 衛生且無公害：貯存容器應易於清洗且不易滲漏。

7. 經濟性：在符合上述要求下，選擇最具經濟效益之容器。

三、塑膠袋／專用紙袋、塑膠桶、垃圾子車及混合使用之優劣

種類	說　　明
塑膠袋 專用紙袋	1. 可直接投入，收集效率高，收集時間每戶約2～5秒。 2. 收集後放置可保持清潔。 3. 塑膠袋廉價、紙袋貴，但皆增加垃圾量。 4. 塑膠袋可辨別垃圾內容，利於分類回收之督導，且作業較安全。 5. 紙袋無法辨別垃圾內容，不利於分類收集之督導，且有受尖銳物刺傷之危險。

種類	說　　明
塑膠筒（桶）	1. 收集後需歸回原位，收集較費時，每戶約15秒。 2. 耐久可重複使用，抑制垃圾排出量，但用後需清洗。 3. 排出者個別持有，利於分類回收之督導。 4. 收集作業安全性高，但易丟失。 5. 水分含量高且量多時太重、人力作業負擔重，腰易扭傷。 6. 金屬容器因較重、貴，且使用時產生噪音，故多用塑膠筒。
垃圾子車	1. 收集場所固定，利用專用收集母車可提高收集清運效率。收集時間每戶約2秒。 2. 可隨時排出垃圾，但易生惡臭，甚或非法投棄製造髒亂，而招致附近居民反對。 3. 需要專用場地、設備，且子車需清洗消毒。 4. 垃圾分類作業管理較難。
混合使用（未指定）	1. 容器種類繁多，其他諸如竹蘿框、紙盒等。 2. 可自由使用，抑制垃圾袋所增加之垃圾量。 3. 容器究竟隨垃圾丟棄或需歸還原位，易造成困擾。 4. 放置場所易造成髒亂。 5. 垃圾分類管理稍難。

四、垃圾分類之目的及作法

1. 目的：

　　(1) 資源回收：垃圾中之資源性廢棄物，如紙類、金屬類、塑膠類等，若加以分類回收，不但可回收再利用、保育資源，同時也減少焚化廠及掩埋場之負荷。

(2) 適應處理之需要：分類可將不易壓縮之塑膠、巨大垃圾或有害物質等分出來，延長掩埋場之壽命，改善滲出水之性質；對焚化廠之運轉而言，將垃圾中之不適燃物或不可燃物予以分離，可改善焚化條件，使焚化廠發揮更好之功能。

(3) 避免毒害性：有害垃圾（如PVC、水銀電池、水銀燈管等），經焚化處理可能產生有害汙染物（如戴奧辛或重金屬等）經掩埋後，可能滲出重金屬汙染土壤或地下水，預先分類以免垃圾處理造成二次公害。

2. 民眾將垃圾排出必須符合執行機關之規定進行分類外，亦必須進行以下前處理：

(1) 廚餘先瀝除水分並妥善包裝。

(2) 刀片、玻璃碎片等尖銳利器以不易穿透容器或材質包妥並標示之。

(3) 木、竹片予以裁剪並綑紮。

(4) 封緊垃圾袋袋口。

(5) 有害垃圾應分開貯存排出。

(6) 資源垃圾依回收管道分類、貯存、排出及回收。

(7) 其他經主管機關或執行機關規定者。

五、垃圾分類之優點

1. 減低清運量：如果產源能將廢棄物先予分類收集回收可用之資源，則政府所需收集垃圾量勢必相對減少。

2. 減少處理土地面積：以衛生掩埋處理廢棄物而言，廢棄物分類收集可節省掩埋用地面積，與延長掩埋場之使用年限。

3. 減輕設備損耗：就焚化處理而言，分類回收即可將不易燃或不可燃物分離，不僅提高燃燒效率並能減輕機械磨損，減少維修費用。

4. 易於控制二次汙染：若將有害或特殊廢棄物先行分類，則對於後處理系統之二次汙染較易控制。

5. 增加利潤：資源回收的廢棄物可轉換成有用或有價值之產品以增加利潤。

六、「強制式垃圾分類」政策

垃圾分類方式：

1. 一般垃圾：指巨大垃圾、資源垃圾、有害垃圾以外之一般廢棄物。

2. 資源垃圾：指依廢棄物清理法第五條第六項公告之一般廢棄物回收項目及依第十五條第二項公告應回收之物品或其包裝、容器經食用或使用後產生之一般廢棄物。

3. 廚餘：指丟棄之生、熟食物及其殘渣或有機性廢棄物，並經
主管機關公告之一般廢棄物。

◎巨大垃圾：指體積龐大之廢棄傢俱、修剪庭院之樹枝或經主管
機關公告之一般廢棄物。

七、巨大垃圾、資源垃圾、一般垃圾及廚餘之排出方式

1. 巨大垃圾：洽請執行機關或執行機關委託之公民營廢棄物清
除處理機構安排時間排出，並應符合執行機關規定之清除處
理方式。
2. 資源垃圾：
(1) 依執行機關指定之時間、地點及作業方式，交付執行機關
或受託機構之資源垃圾回收車回收。
(2) 依各地區設置資源回收設施分類規定，投置於資源回收桶
（箱、站）內。
(3) 屬廢棄物清理法所規定之「應回收廢棄物」得自行交付原
販賣業者或依回收管道回收。
3. 一般垃圾：
(1) 依執行機關指定之時間、地點及作業方式，交付執行機關
或受託機構之垃圾車清除。

(2) 投置於執行機關設置之一般垃圾貯存設備內。

4. 廚餘：

(1) 依執行機關指定之時間、地點及作業方式，交付執行機關或受託機構之廚餘回收貯存設備內。

(2) 依執行機關設置或經執行機關同意設置廚餘回收設施分類規定，投置於廚餘回收桶（箱、站）內。

八、應回收廢棄物之定義及其回收責任歸屬

1. 應回收廢棄物為物品或其包裝、容器經食用或使用後，足以產生：

(1) 不易清除、處理。

(2) 含長期不易腐化之成分。

(3) 含有害物質之成分。

(4) 具回收再利用之價值。

2. 被公告為應回收廢棄物之回收、清除、處理責任之業者即為「責任業者」，必須辦理登記及繳納回收清除處理費予回收基金。

◎環保署目前已公告之物品有乾電池、機動車輛、輪胎、鉛蓄電池、電子電器、資訊物品、照明光源、平板容器、非平板類免洗餐具等容器，共31項。

◎應回收廢棄物回收責任在業者，但執行機關（清潔隊）也必須要回收。

◎應回收廢棄物於材質上標示回收標誌者：

九、廢棄物清除處理費之徵收方式沿革

1. 從水費百分比徵收

　　水費中加收定額百分比之清除處理費，但因自來水水費有「基本度數」之規定，即不用水也要收廢棄物清除處理費，此與用水量多、廢棄物量就多之基本假設不符，故已不採用。

2. 從用水量徵收

　　假設用水量愈多、廢棄物產量愈多，每度用水加收一定金額之廢棄物清除處理費，目前臺灣大多都市採用此方法徵收。計費方便是其優點，但廢棄物量與用水量是否成定額比例仍有疑慮。

3. 從量徵收

　　產生每公斤之廢棄物徵收一定金額之廢棄物清除處理費，此方法最符合汙染者付費原則，但如何計量在技術上仍有待突破。臺北市、新北市現推行之「隨袋徵收」政策，販賣專用垃圾袋，尚符合從量徵收之精神。

	販賣專用垃圾袋或垃圾標籤	按垃圾筒大小收費	直接稱重計費
缺點	1. 需建立民眾使用專用垃圾袋之習慣。 2. 民眾為減少付費而擠壓垃圾，造成收費損失。 3. 專用垃圾袋或標籤價格高，易遭不法業者仿冒。 4. 需加強稽查防範不法傾倒，提高徵收成本。	1. 民眾擠壓垃圾，增加垃圾集運困難並減少收入。 2. 垃圾來源不易確定，恐發生將自己垃圾倒於他人垃圾筒中情事。 3. 需有詳實記錄收費及查核系統，增加徵收成本。 4. 需加強稽查防範不法傾倒，提高徵收成本。	在人口集中區實務執行上有困難。

1. 固定費用制及混合收費制

	固定費用制		混合收費制
	按戶計算	按人口計算	
意義	將廢棄物清理成本平均分攤於住戶，由住戶定期繳交。	將廢棄物清理成本平均分攤於住戶人口，由住戶定期繳交。	-
優點	1. 收費計算簡單，民眾易了解。 2. 不需改變民眾清理垃圾習慣。	1. 可彌補按戶收費人口數不同之不公平現象。 2. 不必改變民眾清理垃圾之習慣。	可保障垃圾清理費之財源收入。

	固定費用制		混合收費制
	按戶計算	按人口計算	
缺點	1. 是齊頭式平等，缺乏減量誘因。 2. 每戶人口不一，以戶收費缺乏公平性。 3. 需設置獨立收費系統，徵收成本高。 4. 拒繳住戶，催繳工作執行困難。	1. 是齊頭式平等，缺乏減量誘因。 2. 一般低收入戶常有較多人口，反需負擔較高清理費。 3. 拒繳住戶，催繳工作執行困難。	第二制缺點於一身。

十一、臺灣現行垃圾收集體系之分類特性

收集方式	意　涵	特　性
逐戶收集	垃圾放於自家門前，垃圾車採定時、定線經每一戶門前停下來收集垃圾。	此法對住戶服務好且排棄責任清楚，分類貯存可徹底執行，但浪費時間、人力，收集成本高且易生交通阻塞問題。
逐站收集	在收集路線上每隔15～40戶放置一收集站或子車供住戶排置垃圾，垃圾定時、定線、定點（站）收集。	逐站方式可提高收集效率，但收集站需維持整潔，避免形成垃圾堆置，而引起附近住家抗拒。
方塊式	收集垃圾車依定時、定線、定點之原則，垃圾車到達收集區時鈴響，並停留數分鐘由居民將垃圾拿出交予清潔人員。	此方式之服務水準較低，不易與居民（尤其是住宅區上班族）配合，極易造成困擾。

◎逐戶收集適用於交通狀況良好情況；逐站收集適用於房屋密集區或交通流量大區如商業區、工業區或社區；方塊式收集適用於交通流量小之住宅區、新興社區。

◎方塊式收集即為「垃圾不落地」收運方式，可再配合強制性垃圾分類之稽查作業進行破袋檢查。

十二、搬運貯存容器系統及固定貯存容器系統

1. 搬運貯存容器系統（hauled container system, HCS）：將貯存廢棄物之容器運至處理場，倒空並將之運回原處或其他指定地點。系統收集過程可分成整理、裝卸、歸位及停工等4個步驟。

程序	說明
整理（pick-up）	花在收集區域所需之時間，包括整理滿載垃圾容器所花時間、容器卸空後垃圾箱再下降所需時間與垃圾車開到下一容器所需時間。
裝卸（haul）	花在抵達垃圾場所需之時間。
歸位（at site）	花在垃圾場所需之時間，包括等待傾卸與傾卸垃圾所需之時間。
停工（off rout）	花在與收集操作無關之活動時間，包括： 1. 早晨與每天工作結束時，花在檢查之時間。 2. 由於交通擁擠而浪費之時間。 3. 花於維修設備所需之時間、不必要停留之時間、超過規定用餐時間，以及未經許可之自行休息或談天時間。

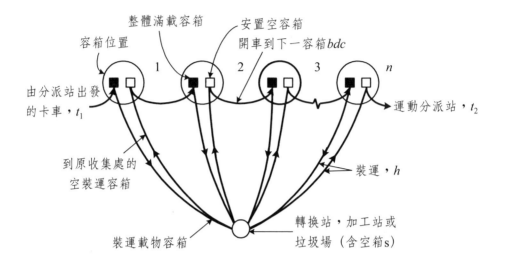

◎HCS收集系統每趟搬運所需之時間：

$$T_{hcs} = P_{hcs} + s + a + bx$$

$$P_{hcs} = P_c + u_c + d_{bc}$$

T_{hcs} = 可裝運容箱體系每趟運送時間（hr／趟）

P_{hcs} = 可裝運容箱體系每次收集所需時間（hr／趟）

s = 每趟歸位時間（hr／趟）

a = 經驗卸下常數（hr／趟）

b = 經驗卸下常數（hr／km）

x = 來回裝卸距離（km／趟）

p_c = 裝滿垃圾車所需時間（hr／趟）

u_c = 卸完垃圾車所需時間（hr／趟）

十、廢棄物清除處理費徵收方式

變動費用制：

	販賣專用垃圾袋或垃圾標籤	按垃圾筒大小收費	直接稱重計費
意義	由政府製作專用垃圾袋或標籤，售出給市民，售價內含垃圾清理費（臺北市實施中）。	由執行機關依住戶垃圾筒之容量分等級，按級別及垃圾筒數目收費。	由執行機關在清運垃圾時直接過磅計費，又可區分為垃圾「全部收費」及「一定量以下不收費，以上部分收費」等兩種方式。
優點	1. 由垃圾袋容量或標籤區分重量等級，使收費多寡與垃圾量關係較為明確，符合「汙染者付費」原則。 2. 具有垃圾減量誘因，民眾為減輕付費負擔而加強資源分類回收工作。 3. 對流動人口亦能徵收到垃圾清理費。	收費與排出垃圾量相關，符合公平及汙染者付費原則並具減量化成效。	1. 收費與垃圾量最相關具減量成效。 2. 不會產生民眾過度擠壓垃圾之問題。
條件	1. 考慮專用垃圾袋應有普遍、方便之購買管道。 2. 必須配合「垃圾不落地」政策。	適用於地廣人稀或住宅區有完善規劃之地區。	需有快速、便捷之垃圾計量設備及垃圾量記錄設施。

d_{bc} = 平均相隔容箱所需之行駛時間（hr／趟）

◎每天每輛車所需運送次數：

$$N_d = \frac{[(1 - W)H - (t_1 + t_2)]}{T_{hcs}}$$

$$N_d = \frac{V_d}{c \cdot f}$$

N_d = 每天運送次數（趟／天）

W = 停工因素（比值表示）

H = 每天工作時數（hr／天）

t_1 = 由派車站到第一個容箱位置所需時間（hr）

t_2 = 從最後一容箱到派車站所需時間（hr）

V_d = 平均每天收集垃圾量（m^3／天）

c = 平均收集容器之體積（m^3／次）

f = 容積利用率

2. 固定貯存容器系統（stationary container system, SCS）：將
   貯存廢棄物之容器留置在產生廢棄物之地點，頂多短途移送
   至收集車。

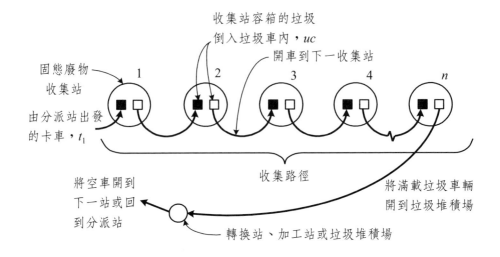

(1) 機械式收集：

◎每趟之時間：

$$T_{scs} = (P_{scs} + s + a + bx)$$

$$P_{scs} = C_t u_c + (n_p - 1)(d_{bc})$$

T_{scs} = 留置容箱體系每趟運送時間（hr／趟）

P_{scs} = 留置容箱體系每次收集所需時間（hr／趟）

s = 每趟歸位時間（hr／趟）

a = 經驗卸下常數（hr／趟）

b = 經驗卸下常數（hr/km）

x = 來回裝卸距離（km／趟）

◎每次收集過程中所處理之容器數量：

$$C_t = \frac{v \cdot r}{c \cdot f}$$

C_t = 每趟裝卸容器數目（容器／趟）

v = 垃圾車之容量（m^3／趟-車）

r = 壓實比

c = 平均收集容器之體積（m^3／次）

f = 容積利用率

◎每天所需運送次數：

$$N_d = \frac{V_d}{v \cdot r}$$

N_d = 每天所需收集趟數（趟／天）

V_d = 每天垃圾產生速率（m^3／天）

(2) 人力式收集：

◎每天之工作時間：

$$H = \frac{[(t_1 + t_2) + N_d(P_{scs} + s + a + bx)]}{1 - W}$$

◎每收集車次所能收集之區域：

$$N_p = \frac{60 \cdot P_{scs} \cdot n}{t_p}$$

$$t_p = d_{dc} + k_1 C_n + k_2(PRH)$$

N_p = 每收集車次所能收集之區域（區域／車次）

P_{scs} = 每次收集所花之時間（hr／車次）

n = 收集人力（人）

t_p = 每收集區域所需花之時間（人-分鐘／區域）

d_{dc} = 花在兩個不同區域間所需之時間（hr／區域）

k_1 = 花在收集一容器所需之時間（分鐘／容器）

c_n = 每收集區域容納之容器數目

k_2 = 由庭院至收集區所需之時間（分鐘／PRH）

PRH = 近房屋之收集區域（％）

◎收集車輛所需容積：

$$V = \frac{V_p \cdot N_p}{r}$$

V = 收集車輛之體積（m³／車次）

r = 壓縮比

十三、直接拖運系統

直接拖運系統係指垃圾車收集垃圾後直接運至處理場（廠），未經貯存或轉運。其收集所需時間如下圖所示：

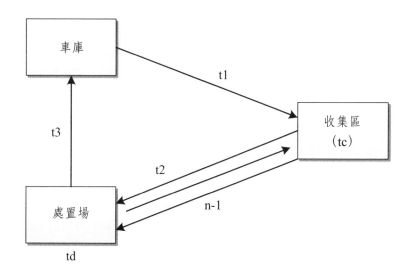

t_1 = 由車庫到收集區所需時間

t_2 = 由收集區到處置場所需時間

t_3 = 一天終了由處置場開回車庫所需時間

t_c = 用在收集區所需時間

t_d = 在處置場傾倒垃圾所需時間

t_b = 每一工作天之暫停時間（=停工時間）

T_1 = 一天收集垃圾所需時間

n = 由收集區至處置場之次數

◎一天收集垃圾所需時間：

$$T_1 = t_1 + (2n - 1)t_2 + nt_d + t_3 + t_b + t_c$$

十四、轉運原則

　　一般收集區域至處理場（廠）之距離若超過20公里，建議設置轉運站，以節省垃圾車往返車次、油料與時間之耗費，提升清運效率。

◎設置轉運站之優點：

1. 降低清運成本。

2. 垃圾量大時，收集車與運輸車分開調配，提高使用效率。

3. 適當位置之轉運站，原有已具效率之收集方式仍可維持。

4. 減輕垃圾資源回收廠周圍聯絡道路之交通負荷。

5. 緩衝調整垃圾資源回收廠進廠之垃圾量。

◎設置轉運站之基本原則：

1. 設施規模：

(1) 轉運站站址之用地範圍，應以能容納各項設施及作業活動所需之面積為必要條件。

(2) 包含主體運轉廠房，亦涵蓋管理中心、汙水處理場、磅秤室、警衛室、機電室、停車場、洗車場及道路等附屬設施。

2. 收集清運效率：通常轉運站之場址應接近垃圾產生之中心，以減少垃圾收集之運送距離及成本。

3. 地質：轉運站各項設施中以主體廠房需要較高之地基承載力，故轉運站廠房宜興建於地質良好且承載力佳之基地上。

4. 周圍環境：轉運站站址之研選應考慮周圍環境之協調性，以期減少對現有環境之影響，並避免引起民眾之抗拒。

◎設置轉運站之需求因素：

1. 配合資源回收工作之進行。

2. 處理場離收集路線甚遠。

3. 收集卡車之體積小。

4. 住宅區人口密度低。

5. 收集區域之巷道狹窄。

◎轉運站之型式：

1. 直接傾卸（即運式）：廢棄物直接卸於將這些垃圾送至最後處置場所之運輸車上。

2. 貯存傾卸（貯存轉運式）：廢棄物先倒入儲存堆式之平台中。所堆積垃圾量大多在0.5～2天間。

3. 直接與儲存混合傾卸：轉運站同時用直接與儲存混合傾卸法

型式	優點	缺點
即運式	占地小，產生二次公害程度低	每日操作時間短，需大型貨櫃車輛多
貯存式	每日連續24小時操作，所需大型貨櫃車輛少	占地大、產生二次公害程度高

十五、垃圾收集計畫之研擬流程

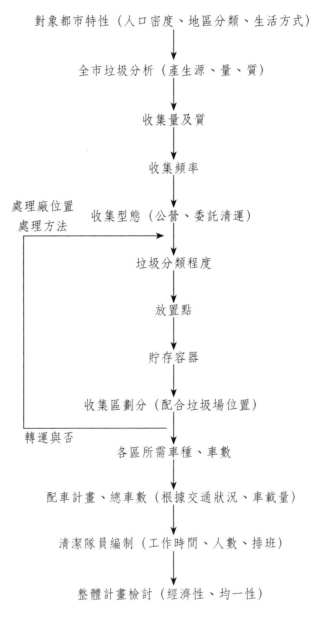

對象都市特性（人口密度、地區分類、生活方式）

全市垃圾分析（產生源、量、質）

收集量及質

收集頻率

處理廠位置
處理方法

收集型態（公營、委託清運）

垃圾分類程度

放置點

貯存容器

收集區劃分（配合垃圾場位置）

轉運與否

各區所需車種、車數

配車計畫、總車數（根據交通狀況、車載量）

清潔隊員編制（工作時間、人數、排班）

整體計畫檢討（經濟性、均一性）

圖4-1　垃圾收集計畫之研擬流程

十六、影響垃圾收集效率之因素

1. 垃圾之質與量：垃圾量涉及清運機具安排，現在垃圾已分為一般、資源及廚餘三大類，廚餘常併於一般垃圾車掛筒收運。

2. 垃圾貯存方式：以收集效率而言，採垃圾袋優於垃圾桶及垃圾子車。

3. 垃圾收集方式：依都市型態規劃採逐戶、逐站、方塊式收集，如何兼顧為民服務品質及集運效率來選擇收集方式是門大學問。

4. 收集時間：應避開交通擁擠時段，但也需兼顧民眾生活習慣。

5. 收集頻率：臺灣垃圾含水率高、有機物多且氣候溫暖潮濕，導致垃圾易腐臭，無法如寒帶國家每週收運一次。

6. 收集設備：包括後裝式、前裝式、側裝式。臺灣以後裝式為主，因為前裝式必須配合使用特定之容器，另為配合節能減碳及減少噪音，現推動電動壓縮子車及全電動垃圾車，對其收集效率仍待評估。

7. 路線規劃：一般作業研究方式（尤拉路線）進行規劃。

8. 轉運：有即運式、貯存轉運式。

9. 集運效率評估指標及提高清運效率可行方案。

十七、提高垃圾清運效率之可行方案

1. 減少收集點：採用定點收集。

2. 使用便於收集之容器：使用垃圾袋。

3. 改善集運車輛：利用壓縮式垃圾車。

4. 規劃合理之收集清運路線：採用尤拉路線。

5. 實施清晨或夜間收集：避開交通擁擠階段。

6. 降低收集頻率：採用隔日收集垃圾。

7. 實施家戶垃圾分類收集：減少垃圾排出量。

8. 設置轉運站：減低長距離無效率之運送。

9. 採用新型集運設備：提高工作效率。

10. 改善人力配置提高工作士氣：合理分配工作時數。

十八、常見之集運效率指標

1. 成本效率指標：

    (1) 清理成本效率指標 $= \dfrac{清運量（年）}{清運成本}$

    (2) 人力成本效率指標 $= \dfrac{清運量（年）}{勞工年資}$

2. 清運效率指標：衡量每單位垃圾量應使用多少成本，以每日清運成本除以每日垃圾量而得。

3. 服務效率指標：

   (1) 人力運用效率指標：衡量每位清運員工每日所清運垃圾之噸數，以每日垃圾量除以清潔員工數而得。

   (2) 車輛清運效率指標：衡量每輛垃圾車所能收集之垃圾噸數，以每日垃圾量除以垃圾車輛數而得。

   (3) 車輛服務效率指標：衡量每輛垃圾車所能服務之居民人數，以各地區總清運人口數除以垃圾車輛數而得。

◎常見之集運效率指標：

集運指標	意義	種類
人力指標	每人每日之工作量	工作時間（hr／人-日） 服務人口數（人／人-日） 工作量（噸／人-日）
設備指標	設備每日之工作量	工作時間（hr／車-日） 服務人口數（人／車-日） 里程（km／車-日） 車次（次／車-日）

十九、廢棄物清運民營化之優劣

為能推動垃圾委外清運，環保署訂有「公民營廢棄物清除處理許可管理辦法」規範取得核發機關（縣市主管機關）核發廢棄物清除許可證之清除機構，始得接受委託清除廢棄物。

	公營	民營
優點	1. 非營利事業不用考量經營利潤。 2. 沒有選擇上的困擾操作標準化。 3. 弱勢團體亦可受到照顧。	1. 企業化經營及市場競爭導向使集運效率及服務品質較佳。 2. 經營管理較有制度，可減少政府機關辦理集運工作時行政作業費較高或冗員較多等缺點。
缺點	1. 易受政治干擾。 2. 長期的經濟效益被短期小利所蒙蔽。 3. 經營成本高，較不具彈性。	需具備較明確的監督機制，以避免集運時發生偷工減料或服務品質低落之情形。

◎清除機構分為甲、乙、丙三級，處理機構分甲、乙二級。

◎廢棄物清除機構：接受委託清除廢棄物至境外或該委託者指定之廢棄物處理場（廠）處理之機構。

◎廢棄物處理機構：接受委託處理廢棄物之機構。

二十、廢棄物清除／處理機構之分級方式

1. 廢棄物清除機構

   (1) 甲級：從事一般廢棄物、一般事業廢棄物及有害事業廢棄物清除業務。應置專任乙級以上清除技術員2人，其中甲級清除技術員至少1人。

   (2) 乙級：從事一般廢棄物及一般事業廢棄物清除業務。應置專任乙級以上清除技術員1人。每月許可量達5,000公噸以

上者，應置專任乙級以上清除技術員2人。

(3) 丙級：從事每月總計900公噸以下一般廢棄物及一般事業
廢棄物清除業務。應置專任丙級以上清除技術員1人。

2. 廢棄物處理機構

(1) 甲級：從事一般廢棄物、一般事業廢棄物及有害事業廢棄
物處理業務。應置專任乙級以上清除技術員2人，其中甲
級清除技術員至少1人。

(2) 乙級：從事一般廢棄物及一般事業廢棄物處理業務。應置
專任乙級以上清除技術員1人。每月許可量達5,000公噸以
上者，應置專任乙級以上清除技術員2人。

考古題

1. 某都市每日垃圾清運量300 ton，其單位容積重0.2 ton/m³，
若以每車次額定載重8 ton，載重容積12 m³，壓縮比為3的壓
縮式垃圾車清運，每天需載運多少車次？（96年普考、102
年普考）

2. 由於垃圾收集區與處理、處置廠（場）之距離可能太遠，或
者垃圾量太多，導致垃圾車在運輸至處理、處置廠（場）的
時間太長，因此常因應需要，建立垃圾「轉運站」。請說
明：（99年普考、101年普考、103年地特三等）

(1) 何謂「轉運站」？

(2) 考量成本及運距或垃圾量之關聯性，試繪圖說明，在何種
條件下垃圾進行轉運，才是經濟的選擇？

3. 試說明減容率與壓縮比之定義。

4. 國內某鄰近四個縣市，目前人口共計150萬人，試設定計畫
目標年及計畫每人每日排出垃圾量、垃圾組成（分資源物、
廚餘、一般垃圾等三類即可）、資源回收率、處理效率等必
要基本資料，規劃所需資源化及處理處置等環保設施之容量
（或設施規模），並以流程圖表示其質量流。（94年技師高
考）

5. 公民營廢棄物清除處理機構之種類、分級與可從事業務範圍
之規定分別為何？（98年普考）

6. 請說明公民營廢棄物清除處理機構設置的申請程序及相關法
規。（98年高考）

7. 請就國內現有城市廢棄物焚化處理設施及城市廢棄物的產量
和分布，規劃合理的垃圾轉運及處理計畫。（98年高考）

8. 試說明都市垃圾貯存常用之容器及其應具備之條件。（99年
普考）

9. 何謂責任業者？其與一般廢棄物之相關性如何？（99年地特
三等）

10. 垃圾收集體系依貯存容器搬運操作方式之不同，可分為HCS
（Hauled Container System）及SCS（Stationary Container

System）二種系統，請分別說明此二系統之內涵及差異點。
（100年地特三等）

11. 試述垃圾清運系統包括哪四項單元操作，請列出計算式說明清運車輛每一工作天可清運車次的計算方法。（102年高考）

12. 說明管道式垃圾收集系統的特色與優缺點。（103年高考）

13. 一般廢棄物被公告為應回收廢棄物之原則有哪些？各舉2種已公告之項目。（103年普考）

14. 試說明都市垃圾集運計畫之工作重點、擬定步驟及所需資料。（104年高考）

15. 請比較都市垃圾「方塊式」收集與「逐站」收集之特徵與適用對象。（104年地特四等）

16. 依一般廢棄物清除處理費徵收辦法規定，主管機關對家戶垃圾清除處理費之徵收方式有哪三種？請分別說明之。（104年地特四等）

17. 依地方政府規定，每一戶家庭，每星期只能在垃圾收集點，放置一次單位容積重為125 kg/m³之垃圾 0.25 m³。今假設清潔隊收集區內各收集點平均距離為100公尺，且每一收集點可放置兩個垃圾桶。垃圾車在收集點間之移動速度為2.5 m/s，每一垃圾桶收集時間為20秒，每天實際收集時間為5小時，且每車每天收集二車次。請問每一輛垃圾車每一車次可收集、載運多少個收集點的垃圾？且若垃圾車壓縮比為4，則垃圾車應多大？（105年專技高考）

chapter *5*

前處理

廢棄物「前處理」此名詞已被多次討論是否有修正、存在之必要，國外的前處理（pre-treatment）定義即為前章節提及之內容，然而在法規尚未修訂完成前，讀者可延續既有之資訊學習。

一、前處理之定義

廢棄物經收集清運在未進入處理場（廠）前所做之處理，稱為前處理，通常是物理程序，包括壓縮、破碎、分選、乾燥等。

前處理的目的在於提高後續處理之程序及進行資源回收，並不改變廢棄物之性質，程序之必要性視後續程序而異。

◎法規中並無前處理之定義，是將前處理併入「中間處理」。

◎「事業廢棄物貯存清除處理方法及設施標準」中並無前處理之規定，而僅有中間處理之定義，中間處理係指事業廢棄物在最終處置或再利用前，以物理、化學、生物、熱處理或其他處理方法，改變其物理、化學、生物特性或成分，達成分離、減積、去毒、固化或安定之行為，故廣義之前處理應包括中間處理。

◎資循法定義「處理」指以物理、化學、生物、熱處理或其他處理方法，將廢棄資源分離、中和、減量、減積、去毒、無害化或安定化及最終處置之行為。

二、前處理之目的

1. 增加營運效率

   (1) 採用壓縮設備增加垃圾車之載重提高清運效率。

   (2) 將廢棄物區分為有機及無機以利於後續焚化、堆肥程序之進行等。

2. 回收可用物質

   將不同材質之回收物分離、純化，提升再製品品質，以暢通再製品管道。

3. 回收轉化物或能量

   (1) 資源回收可分為物質回收、能源回收及土地回收。

   (2) 焚化能將有機物轉化為熱能，衛生掩埋能將有機物轉換為甲烷氣（生質能）等。

三、前處理之方法

1. 破碎（shredding或crushing）：目的為減小垃圾尺寸，常用之方法有旋轉剪切、鎚磨碎、鏈枷磨碎、球狀磨碎等。

2. 壓縮（compaction）：目的為減少垃圾體積，分為高壓壓縮及低壓壓縮。

3. 分選（sorting或separation）：目的為分類、篩選以利回收或處理，常用方法有篩選、重力選別、光選選別、渦電流選別、磁選、靜電選別等。

4. 乾燥（drying）：目的為減少水分以利燃燒，常用方法有離心及加壓過濾等。

四、破碎處理

1. 破碎處理之目的簡而言之是為了減小垃圾尺寸，若依後續處理之效果，可細分為：

   (1) 提升分離／選別效率：未經分類而以混合狀態排出之廢棄物性質複雜，難以逕行再利用，處理處置或回收再利用前，常需先經前處理。尤其是資源回收再利用前，需將複合材質廢棄物破碎以利各種物料之分離與選別。

   (2) 降低清運／貯存成本：冰箱、洗衣機、家具等巨大廢棄物或玻璃容器，其體積大密度小，經破碎處理後，可降低孔隙體積。破碎後混合之廢棄物顆粒具有各種不同粒徑，可減少體積使其易於貯存與清運而降低成本。

   (3) 增加焚化／熱分解反應速率：破碎處理可減少粒徑，降低焚化或熱解設施進料裝置阻塞之機率，並可藉以調整進料成分使其均勻，避免因進料品質變動過大而影響產品之品質或妨礙設備之正常操作。廢棄物破碎後可增加比表面

積、促進反應速率、提高燃燒、熱分解之效率。

(4) 促進堆肥化反應：破碎可減少粒徑，改變廢棄物之吸水及透氣性，增加比表面積，提高廢棄物與堆肥作用微生物之接觸機會，提高發酵生化反應速率。並可經篩分等分離選別程序，揀除不適堆肥物，改善堆肥品質。

(5) 增進掩埋設施管理成效：空隙多之廢棄物，若直接掩埋不但浪費掩埋場空間，且掩埋地盤不穩定，影響掩埋地之最終利用價值。

2. 破碎處理之方法分類：

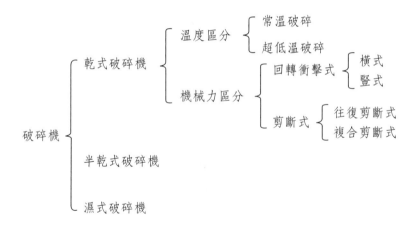

破碎機制	破碎機型式	破碎後粒徑範圍	適用對象	磨耗度
壓縮破碎	顎式壓碎機 錐式壓碎機 轉輪壓碎機	10～400 mm	適用於高硬度、性脆之大塊廢棄物。	小

破碎機制	破碎機型式	破碎後粒徑範圍	適用對象	磨耗度
衝擊破碎	衝擊破碎機	10～30 mm	適用於高硬度、性脆之大塊廢棄物破碎，易產生噪音、振動與粉塵，且破碎過程產熱會軟化樹脂類。	中
剪切破碎	往復剪切機	50 mm以上	適用於具韌性之大型廢棄物。	大
	回轉剪切機	10～400 mm	適用於破碎具延展性之廢電線、廢電路板、廢塑膠、廢輪胎。	
	旋切機	1～10 mm	塑、橡膠之破碎。	
衝擊剪切破碎	橫式衝擊剪切機立式衝擊剪切機	10～50 mm	適用於破碎廢汽車、廢家電等大型金屬與橡膠綜合產品。	小

◎破碎機具之選擇：

1. 進料垃圾性質之限制與要求：破碎機械對進料廢棄物特性有特定要求，應以進料垃圾平均特性並考量最大變異情況選擇破碎設備。

2. 破碎後產物顆粒徑大小等性質之要求：不同破碎機械破碎後尺寸大小等物理性質不同，選擇破碎機具時需配合破碎後續處理或回收設施進料顆粒大小等性質之要求。

3. 操作方式（連續或間歇）：考慮設備容量、待破碎處理量，選擇適當之作業方式。

4. 操作特性：包括動力數、日常及特殊保養的需要、操作難易、刀具更換費用、操作業績與可信度及噪音、空氣汙染、水汙染等。

5. 設施空間之需求：考量撕碎器供應、罩蓋容積及吊車空間等。

6. 空間配置：考慮如面積、高度、走道、噪音及環境因素限制等。

7. 其他：破碎後垃圾之貯存及其後續處理功能之要求貯量等。

五、垃圾壓縮

1. 垃圾壓縮之目的如下：

   (1) 使垃圾易於搬運，節省搬運費用：垃圾在收集時使用壓縮設備將垃圾加以壓縮，可增加垃圾車單位容積量之載重量。

   (2) 延長掩埋場之使用年限：在掩埋前將垃圾壓縮，可以減少垃圾體積及其掩埋所需空間，延長衛生掩埋場之使用年限。

   (3) 易於垃圾固型化處理：垃圾欲以混凝土包覆固型化，以作為隔堤之用時，需先加以壓縮使密度增加，體積減小並使結構紮實。

2. 壓縮方法分類：

分類方式	壓縮方式	應用
作用力方式	密閉壓縮式	・密封式壓縮垃圾收集車 ・壓縮式貨櫃搬運車 ・固型化壓縮處理設備 ・轉運站轉運貨櫃垃圾壓縮裝置
	開放壓縮式	・掩埋場夯實機重力壓實
作用力大小	低壓壓縮式	・密封式壓縮垃圾收集車 ・轉運用壓縮垃圾車
	高壓壓縮式	・垃圾固型化處理

◎壓縮機具之選擇：

1. 進料垃圾之性質：如顆粒尺寸大小、成分、水分高低、密度等。

2. 運送與填送於壓縮機之方法。

3. 壓縮後之垃圾後續處理方法與用途。

4. 壓縮機之設計因素：如負荷載重量應在$0.76 \sim 0.84$ ton/m^3，以便決定倒入之最大垃圾體積。

5. 回程時間：回程時間係指從開始到壓縮完成又回到開始所需時間應在$20 \sim 60$秒之間，回程時間大小將影響每日壓縮處理容量。

6. 機械容量：包括設備操作容量、設計壓縮壓力及嵌入深度等。

7. 壓縮比：垃圾壓縮前原體積與壓縮後體積比，介於2：1到8：1之間。

8. 操作因素：動力數、維修保養、可靠性及噪音、空氣汙染、水汙染等。

9. 空間需求：放置地點的考慮，如面積、高度等環境因子之考量等。

六、垃圾壓縮之特性

1. 利用垃圾壓縮在處理垃圾過程中，不破壞或釋出垃圾成分中原有穩定存在之物質或化合物。

2. 未經處理之垃圾比重為$0.10 \sim 0.25$ g/cm^3，視其組成及含水分之不同而改變，經壓縮後之垃圾壓縮塊的比重可達$0.80 \sim 1.20$ g/cm^3（指高壓壓縮），垃圾體積因而減少約80%，可以經濟地充分利用掩埋空間。

3. 垃圾各項成分經緊密結合後，為生物繁殖條件受阻，垃圾內部之生化作用減緩，而為降低汙染能力之處理方法。

4. 壓縮方法可以處理各種不同類型之固體廢棄物，包括不同性質之垃圾、適燃性垃圾、不適燃性垃圾及一般工業廢棄物。

5. 垃圾壓縮塊可予適當之表面處理，使能再予利用。

6. 投資成本及操作維護費用減低。

七、垃圾壓縮後衛生掩埋處理之優點

1. 設備簡單，操作及處理過程容易控制。

2. 減少滲出水量與汙染。

3. 臭味及沼氣產生量降低。

4. 不易孳生病媒昆蟲。

5. 掩埋場起火燃燒之機率降低。

6. 垃圾飛散控制容易。

7. 運送工具替代性高。

8. 降低噪音量。

9. 垃圾處理之投資成本、操作成本及維護費用降低。

八、垃圾分選之目的及其方法

在垃圾處理「減量化」、「資源化」前提下，分選成為現在前處理程序中最重要的單元。

分選尚可分為「人工選別」及「機械選別」。「人工選別」原則上適用於處理量小之場所。現行小型資源回收業多仍採用人工選別，需注意工作人員安全及環境衛生之維護。分選之目的如下：

1. 回收資源、再利用可用物質。

2. 配合各種不同的處理方法，予以分選，提高處理效率。

3. 選出有害物質，減少二次公害之發生。

　垃圾分選技術：

1. 磁力選別（magnetic separation）：利用磁性加以分離鐵系／磁性廢金屬及非磁性廢棄物之方法。

2. 靜電分離（Electrostatic Separation）：利用各種物質之導電率、集電效果及帶電作用之不同，將金屬、非金屬、塑膠等物質藉電暈電極放電而使廢棄物顆粒帶電／放電後，廢棄物顆粒呈現不同之帶電特性，此時於外加電場之作用力下產生不同之排斥或吸附力推動或拉扯廢棄物顆粒而加以分離之方法。

3. 渦電流分離（Eddy-Current Separation）：將非磁性電導性金屬（銅、鋁、鋅等）置於不斷變化之磁場中，使金屬發生渦電流，因而產生反撥力而分離之方法。

4. 光學分離：利用光對各種物質材料表面具之不同反射及穿透特性，而產生驅動力而將廢棄物加以分離之方法。

5. 磁性流體選別（Magnetic fluid Sorting）：利用磁場控制磁性流體之比重，而加以分離鉛、銅等之方法，可適用於分離表面光滑之廢棄物，可選別金屬、玻璃、陶瓷、塑膠等物質。

6. 融解分離：利用各種金屬之不同融點加以分離之方法。

7. 溶劑選別：利用溶劑將不同溶解度之各種塑膠混合物（如PVC、PS、PE、PP等）及不溶解夾雜物（如紙、鋁箔

等），加以分離，再用水蒸氣蒸餾，減壓乾燥等方式，加以回收溶劑循環使用。

8. 半濕式破碎分離（Semi-Wet Pulverizing Classification）：
將廢棄物先均勻潤濕，再利用廢棄物之強度、脆度等性質之不同，同時進行破碎與分離。

9. 油水分離：將廢油中之水分加以分離，再予以去除水分之方法。

```
                      ┌ 1. 篩選
                      │                    ┌ 浮選（Flotation）
                      │                    │ 重液分離（Heavy-Media. Separation）
                      │                    │ 沉澱分離
                      │ 2. 重力分離 ────────┤ 風力選別（Air. Classification）
                      │                    │ 慣性分離
                      │                    │ 浮上振動分離
                      │                    └ 脈動分離
        分選方法 ─────┤ 3. 磁力分離（磁力）
                      │ 4. 靜電分離（含水率）
                      │ 5. 渦電流分離（偏離距離）
                      │ 6. 光學分離（反射率、折射率）
                      │ 7. 磁性流體分離
                      │ 8. 融解分離
                      │ 9. 溶劑選別
                      └ 10.油水分離
```

方法	分離介質	原理	適用分選對象
篩選	篩網	粒徑差異	廢棄物粒徑有顯著差異
比重分選	水、重液（四溴乙烷等）	比重差	金屬、非金屬、塑膠（PVC比重大於1，PE比重小於1）
風力分選	空氣	比重差	金屬與非金屬、塑膠、橡膠等與金屬之分離
磁力分選	磁場	磁性差異	磁性與非磁性物質
渦電流分選	磁場	磁場	鐵與非金屬（如鋁、銅、鋅）
靜電分選	電場	帶電特性	分選PVC與銅、鋁鉑等
光學分選	電磁波	光學特性	塑膠、橡膠、玻璃等

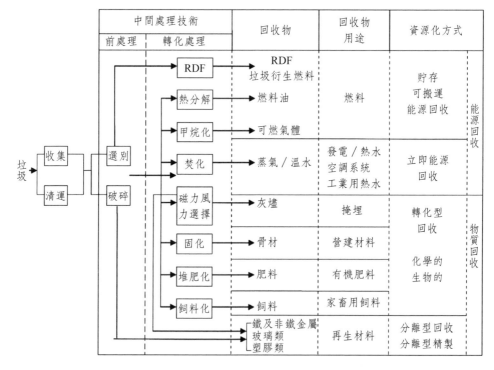

圖5-1　垃圾中間處理後可能回收之能源和物質

九、篩選垃圾及其可能影響的因素

係利用破碎後垃圾粒子之粒徑差異,使其通過特性大小之篩網而加以選別之方法,其效率係受下列條件影響:

1. 振動方法
2. 振動方向
3. 振幅
4. 篩網角
5. 網孔大小、粒子反撥力、粒子幾何形狀、水分含量及處理量

◎常用之篩選機械計有振動篩、迴轉篩、分級篩、固定篩等。

十、垃圾回收效率

1. X之回收率[R(X_1)]表示:

$$R(X_1) = \left(\frac{X_1}{X_0}\right) \times 100 \qquad (5\text{-}1)$$

2. 第一道出口之萃取物純度（P）為：

$$P(X_1) = \left(\frac{X_1}{X_1 + Y_1}\right) \times 100 \tag{5-2}$$

3. 選別機之效率（同時考量回收率及純度）：

$$E(X, Y) = \left(\frac{X_1}{X_0}\right) \times \left(\frac{Y_2}{Y_0}\right) \times 100 \tag{5-3}$$

◎回收率＝落下篩孔欲回收物質／投入之欲回收物質

◎排斥率＝1－（落下篩孔不欲回收物質投入之不欲回收物質）

◎效率＝回收率×排斥率

十一、垃圾「重力分離」技術

1. 浮選（Flotation）：於分選系統中通入空氣，使分散在液體中之粒子，附著在液中所產生之氣泡而上浮，或使氣泡黏附於垃圾粒子上降低整體比重至低於分選流體而上浮，以達分離目的之操作。

2. 重液分離（Heavy-Media Separation）：將兩種不同比重之固體混合物，放置於介於兩者比重間之重液（例如水溶液、四溴乙烷溶液）之介質系統中，使輕／重廢棄物分別上浮及下沉而分離之方法。

3. 沉澱分離：使液體中之固體，因重力而沉澱，以達固液分離之目的。

4. 風力分離（Air Classification）：於豎型或橫型風選設備中投入混合廢棄物，利用廢棄物比重之差異與其對氣流抵抗力之不同，使其在相對氣流中分別上浮與下沉或產生落下距離之差距，以達分離目的之方式。

5. 慣性分離（Inertial Separation）：又稱彈道分離，係利用高速輸送帶、迴轉器或流動之空氣敲擊或推動混合之廢棄物顆粒產生水平方向之運動，因不同大小、密度及幾何形狀之粒子受重力、空氣摩擦阻力於運動過程將形成各種二維曲線之拋物線運動軌跡，在相同之垂直落下距離條件下，將產生不同之水平移動距離，而達到分離之效果。

6. 浮上振動分離：將不同比重、密度或形狀之各種廢棄物，放置於傾斜多孔之振動板上或篩網頂部，用空氣或水由下朝上透過多孔板或篩網孔，使廢棄物中較輕者上浮並向低方向排出，重物則因振動影響，移動於篩網上而從高方向之一端排出。

7. 脈動分離：將不同比重之廢棄物放置於篩網上，以空氣或水通過篩網，廢棄物產生脈動及反覆膨脹或收縮，導致重者移至下層，輕者上移之分離方法。

十二、廢容器資源化處理流程

　　塑膠屬於石化製品，原本於自然界中並不存在，也無法經自然分解後回歸自然界循環使用，因而造成了所謂的「萬年垃圾」；加上石油的開採、運輸和煉製等過程，都會消耗相當多的資源、能源及製造一定程度的汙染。因此，基於愛惜資源及疼惜環境，回收並重複使用廢塑膠物品及容器有其必要。一般社區或學校進行回收工作時，通常將所有的塑膠容器歸為一個大類，回收商回收後需要進一步將之細分類為PET、PVC、PE、PP、PS等，才能為後端再生工廠所利用，目前這部分的工作還多倚賴人工進行分類。

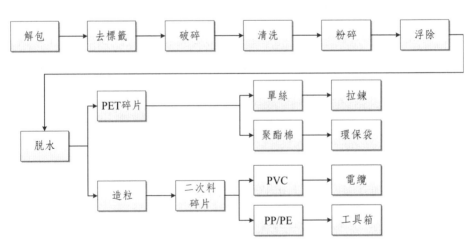

圖5-2　廢容器資源化流程

1. 回收商之回收流程：收集→分類→壓縮打包→運送至處理廠

　　細分類後之各類塑膠瓶將分別被壓縮打包，載往再生處理廠，經過粉碎、清洗、乾燥等過程後，其中的PET材質可直接運往下游的再生工廠或紡織廠，進行抽絲及紡織等再生製品的生產；其餘的材質如PVC、PE、PP、PS等，還需先送到造粒廠，經造粒後製成二次塑膠原料，然後這些再生原料經射出成型或壓模等過程後，就可製成各式塑膠產品。

　　(1) PET容器的處理流程：解包→清洗→去標籤→粉碎→浮除→脫水→二次料碎片。

　　(2) PVC、PE、PP、PS容器的處理流程：解包→粉碎→浮除→脫水→二次料碎片。

◎PET容器經再生處理後再製產品：單絲→假髮、拉鍊鋸齒；薄片→包裝盒（蛋盒、文具L夾）；聚酯棉→填充棉、不織布、聚酯布料。

◎PVC、PE、PP、PS容器經再生處理後再製產品：PVC塑膠粒二次料→人造皮革、電線覆皮；PP/PE塑膠粒二次料→垃圾桶、工具箱、腳踏車踏墊、垃圾子車等具彈性之塑膠再製品；PS塑膠粒二次料→即可拍相機外殼、衣架等硬質易碎、不具彈性之塑膠再製品。

十三、廢機動車輛資源化處理流程

目前國內經統計約計有200餘家廢車拆解場及5家粉碎分類廠。在現行的回收處理體系下，廢車拆解商經由向民眾、環警單位及保修廠購買等途徑取得廢車車源，再將廢車拖吊回場內進行拆解工作。廢機動車輛回收可分為兩大部分，一為民眾機動車輛報廢，一為占用道路之廢機動車輛。廢機動車輛中含有80%之有價與可資源再生之金屬成分，以及20%之輪胎、機油、冷媒與塑膠等物品。

拆解場進行廢車之資源回收再利用，主要分為兩個部分，其一為材質之回收再生，如廢鐵及廢鋁等材料；其二為堪用零件之回收再使用，如方向盤、保險桿、發電機或車燈等零件的回收。

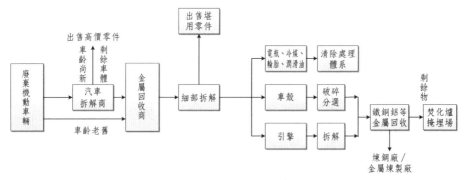

圖5-3　廢機動車輛資源化處理流程

1. 廢車拆解場進行環保拆解處理流程：廢汽、機車 → 廢車環

保拆解 → 廢鉛蓄電池（電瓶）、廢潤滑油、廢輪胎 → 交由個別回收清除處理體系清理。

2. 有價材質回收再生：車齡較新之廢機動車輛，經由材料商將堪用零件（如：音響、車門、引擎、冷氣等）以及高價之零件（如：起動機、發電機）拆除予以回售，以獲得較高利潤。

3. 堪用零件回收再利用：剩餘車殼及車齡老舊之廢棄車輛販售予回收商，回收商接受廢棄車輛後即進行細部拆解，將中古零件出售。

4. 車殼經破碎分選以及引擎拆解所產生之鐵、銅、鋁等金屬，回收送至各金屬煉製廠再製；電瓶、潤滑油、輪胎及冷媒則進入回收處理系統加以處理；拆解過程所產生之殘餘物，則進行妥善焚化或掩埋處理。

十四、廢輪胎資源化處理流程

輪胎主要由橡膠、鋼絲與纖維所組成。橡膠之比例隨輪胎應用情形而有所不同，一般約占整體之60～70%，其中天然橡膠占橡膠含量之65%，其餘為合成橡膠。

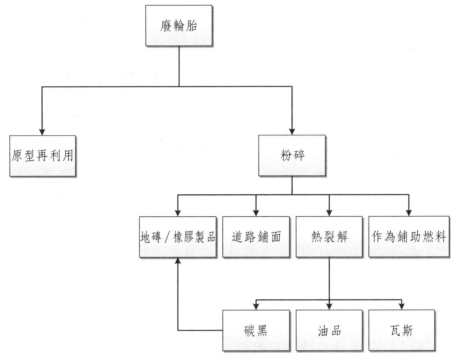

圖5-4　廢輪胎資源化處理流程

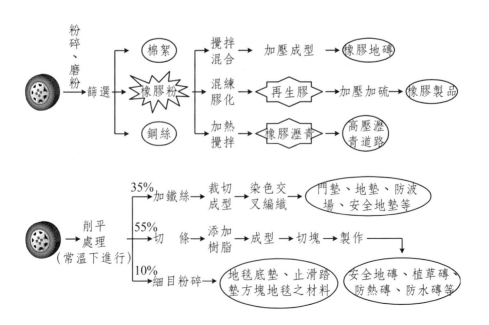

◎目前廢輪胎再利用方式包括：

1. 原型再利用：包括作為人工漁礁、土木工程、隧道工程、碼頭工程、農（園）藝用途、娛樂設施等。

2. 機械磨粉：可製成建材及橡膠製品之原料，包括廢輪胎製成之水泥磚、地磚或相關建材之替代品，及橡膠粉、再生膠及其他相關橡膠製品。

3. 熱裂解：於高溫缺氧狀況下，將廢輪胎加熱分解產生油品、碳黑及可燃氣體（瓦斯），並回收鋼料等資源物質。其中油品及碳黑為主要產品，油品可再精煉成蒸餾油，經提煉成潤滑油基材，重蒸餾油可作為橡膠加工油。碳黑可供初級橡膠製品業使用，如鞋業、地磚或地墊等使用。

4. 輔助燃料：輪胎之灰分含量較煤炭低，具有比燃媒高之熱值，且其含硫量低於重油，故以廢輪胎作為水泥窯輔助燃料為經濟可行之處理技術。藉由輪胎中橡膠及纖維作為燃料，鋼絲可反應為氧化鐵，作為水泥燒成之助燃劑。

5. 道路鋪面材料：可降低交通噪音，並延長道路壽命、提高鋪面止滑能力，但成本較一般瀝青鋪面高。

十五、廢電子電器資源化處理流程

廢家電資源化處理廠主要係將有害物質做妥善處理，以及回收有價資源再生利用，目前國內已有多家處理廠，足以處理國

內所產生之廢家電,其資源回收率平均可達8成以上。

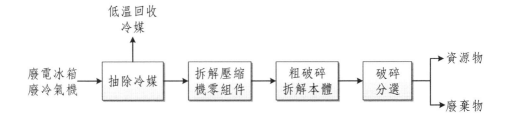

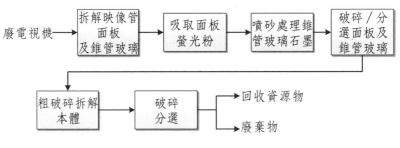

圖5-5 廢電子電器資源化處理流程

1. 電冰箱及冷氣機拆解前需先抽取冷媒及潤滑油。

2. 電視機破碎前,需先分離螢光粉及石墨,所產生之石墨、螢光粉等有害物質或其他無法再利用之廢棄物,將交由合格之清除處理機構處理。

3. 家電拆解後之資源化物質包括銅、鐵、鋁、玻璃、塑膠等,將分別進入金屬熔煉廠、玻璃廠及相關再利用工廠。

4. 冷媒則純化處理後再利用。

◎回收管道：

1. 民眾送至家電販賣商，販賣業者義務回收，最為普遍。

2. 以電話聯絡住家附近之回收機構，請其到家代為回收。

3. 民眾與地方清潔隊約定後，交由清潔隊回收。

◎經估計，每年可回收4,900噸金屬（約相當9,100萬個易開罐），1,530噸塑膠（約2,800萬個寶特瓶）及750噸玻璃（約相當於30,000個20吋螢幕），顯見家電回收之效益。

十六、廢玻璃資源化處理流程

　　廢玻璃包括容器玻璃、平板玻璃、儀器玻璃、映像管玻璃及照明玻璃等。國內每年廢玻璃產量約50～60萬噸，在焚化爐或掩埋場處理均造成很大的負擔。

　　臺灣菸酒公司及台灣青島啤酒公司針對其所生產的啤酒等產品，透過回收瓶費制度及逆向回收系統，將所收回的玻璃酒瓶，在廠內經清洗與高溫消毒處理後，可直接作為裝填原產品的容器使用。這種不經破碎再生處理，直接以「原型利用」的方式再使用，是最具環保效益的，不僅回收成效良好、也是最節省成本與資源的好方法。除了原型利用外，將廢玻璃瓶再製成玻璃瓶使用，及將廢平板玻璃再製成平板玻璃使用，是最具環境效益的，因為可以藉此形成「不斷循環再使用」。前提就是務必要做好廢玻璃的分類、分色與去雜質的工作。

1. 分類：對民眾而言，特別是可能含有毒性物質的農藥瓶或特殊環境用藥瓶等，不可混入一般的玻璃瓶中，如有相混情形，就無法再生為玻璃容器用，以免造成安全上的疑慮。其他如平板玻璃、日光燈管等，民眾在回收時，也都需個別回收，不能相混。

2. 分色：回收玻璃瓶經由回收商進行分色分類，才能作為一般玻璃窯爐的進料，民眾回收廢玻璃瓶並交由清潔隊的資源回收場或回收商處回收，經由人工進行分色分類作業後，分類分色愈完全，賣予處理廠的價格也愈高。

3. 去雜質：要減少雜質的最佳方法，還是民眾進行回收工作時，就要留意雜質的去除與避免混入，否則會增加後端處理上許多麻煩。基本上在處理廠所進行的每個步驟，就是要去除玻璃以外的其他雜質，雜質去除的愈乾淨，愈能提高再生料的使用比例。

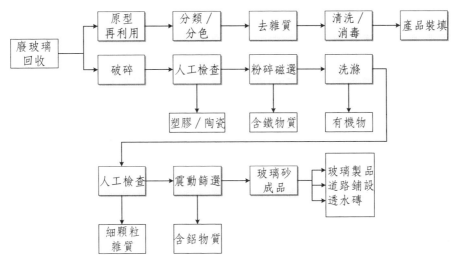

圖5-6 廢玻璃資源化處理流程

◎只要對廢玻璃簡單分類和清洗，就可以重新煉製成新玻璃，轉化率達70～80%。

◎回收再利用包括：原型再利用、玻璃製品再製、道路鋪設以製成透水磚等。

考古題

1. 試說明分選之目的為何？並說明下列分選方法之分離對象為何？（95年技師高考、100年技師高考、100年薦任升官等、102年普考）

   (1) 靜電分離法

   (2) 渦電流篩選法

(3) 光學分離法

2. 事業廢棄物處理中若有資源化需求，可以先進行不同的選別，請回答出常用之篩濾分選法、比重分選法、風力分選法及磁力分選法之操作依據。（103年地特三等、102年普考）

3. 某都市垃圾組成如下表所示，欲利用風力分選機分選出可燃物，計算其回收率、純度、分選效率、排斥率。如單獨計算紙類，其分選效率為何？（94年技師高考）

	紙類	纖維布類	廚餘類	木竹稻草類	塑膠類	皮革橡膠類
物理組成（%）	26	8	18	6	17	3
100kg垃圾樣品分選出之輕物（kg）	22	6	14	5	16	2

	金屬類	玻璃類	陶瓷類	石頭及5mm以上土砂	其他
物理組成（%）	8	3	4	5	2
100kg垃圾樣品分選出之輕物（kg）	2	1	1	2	1

4. 我國廢塑膠容器類之回收依其組成成份共分為哪些項目？試列舉各項目之代表性容器。（95年普考）

5. 請說明一般廢棄物之檢測分析項目為何，並關連各分析項目在廢棄物資源回收、中間處理與最終處置之重要性。（95年

高考）

6. 簡答題：（97年技師高考）

(1)「磁選」與「渦電流分選」的原理與應用。

(2) 含鉛、鋅煙塵以「還原揮發法」處理之資源化技術原理與流程。

7. 設垃圾或都市固體廢棄物（MSW）以焚化方法處理，其進入焚化爐前擬回收有用的物質，試以工程角度分別闡述分選、篩分、磁分、破碎等前處理方法之功能與目的。（97年地特四等）

8. 試說明廢機動車輛進入回收拆解廠（場）後依法應進行之動作及回收物品。（97年普考）

9. 試繪製一流程圖，說明廢機動車輛粉碎分類廠所需要之主要設備，並說明個別設備之主要功用。（97年高考）

10. 依據我國「事業廢棄物貯存清除處理方法及設施標準」，下列有害事業廢棄物除再利用或中央主管機關另有規定外，應先經中間處理。請說明下列各有害廢棄物之中間處理方法：（98年技師高考）

(1) 鋼鐵業集塵灰

(2) 戴奧辛廢棄物

(3) 含鹵化有機物之廢棄物

(4) 含有毒重金屬廢棄物

(5) 含氰化合物

(6) 廢溶劑

11. 試說明粒徑分選常用的設備，並列計算式說明評估其效能之方法。（99年高考）

12. 試分別加以說明我國現行法令對於具有陰極射線管或液晶顯示器之廢電子電器及廢資訊物品其處理方式之規定。（99年地特四等）

13. 圖示說明廢冰箱與廢電視資源回收程序及衍生有害廢棄物。（99年地特四等）

14. 分別說明廢紙與廢乾電池回收再利用對於環境之貢獻，以及回收處理過程面臨之處理與二次汙染問題。（100年高考）

15. 試說明鎚碎機（Hammer Mill）與剪切機（Shear Shredder）適用處理之廢棄物。（101年高考）

16. 設計一個20 TPD（噸／日）廢輪胎資源回收程序，以回收其中之碳黑、鐵絲與重油。（101年地特三等）

17. 說明用於一般廢棄物分類回收之分選技術為何，並討論影響分選效率之控制因子或操作參數。如何比較分選技術之分選效率？請就二維系統定義之。（95年高考、103年高考）

18. 試以廢日光燈管為例，說明資源回收利用之流程、可行技術原理及回收物質。（101年高考二級）

19. 乾式破碎廢棄物之方式可分為超低溫（在大約零下200度破碎廢棄物）及常溫兩種方式。常溫乾式破碎廢棄物方式可再分為「回轉衝擊式」與「剪切斷式」兩種，試比較說明「回

轉衝擊式」與「剪切斷式」破碎設備之：（101年技師高考）

(1) 破碎廢棄物之對象

(2) 優點

20.現有電子相關產品或製程廢棄物中含有價格高之黃金：（102年地特三等）

    (1) 試輔以電路電板廢棄物為例，說明該廢棄物中黃金之可行資源回收（處理）技術與方法？

    (2) 討論上述資源回收（處理）技術與方法，對環境可能的衝擊與應考慮事項？

21.試說明目前廢汽車解體、破碎／選別回收，及殘餘物之資源化處理流程、使用技術或處理設備及回收物。（102年技師高考）

22.試以廢資訊用品為例，說明其回收及資源化處理流程、所使用技術單元及主要產出物質。（102年高考）

23.請解釋下列廢棄物處理工程之名詞：（102年薦任升官等）

    (1) 熔融法

    (2) 氧化分解法

    (3) 中間處理

    (4) 再生資源

24.試由各式物理、化學機制，列舉十種廢棄物之分選方法。（103年地特四等）

25. 廢印刷電路板有何處理與回收利用之方式？如何控制其二次汙染？（103年技師高考）

26. 請說明何謂電子廢棄物（Electronic waste, e-waste）？其現存處理與處置的主要方式為何？電子廢棄物不當回收與處置可能造成的環境汙染物主要有哪些？請說明延伸生產者責任制度（Extended producer responsibility, EPR）在管理電子廢棄物的可能角色。（104年簡任升官等）

27. 試說明廢電池之種類與特性，並規劃其資源化利用流程、使用技術及主要產出物。（104年高考）

28. 資源化再利用是未來的重要環保趨勢，也是未來取得資源之可能管道。依此觀念，請說明下列廢棄物之處置方式。（95年高考）

   (1) 廢輪胎

   (2) 廚餘

chapter *6*

固化處理

　　廢棄物固化處理多用在飛灰廢棄物，簡單來說就是使用固化劑與廢棄物混合，使其性質穩定、不易發生變化。固化處理之原理、程序及其法規規範等內容如後所述。

一、固化及穩定化定義

1. 依據「事業廢棄物貯存清除處理方法及設施標準」第二條定義：

   (1) 固化：指用固化劑與事業廢棄物混合固化之處理方法。

   (2) 穩定化：指利用化學藥劑與事業廢棄物混合或反應使事業廢棄物穩定化之處理方法。

2. 依據「一般廢棄物回收清除處理辦法」第二條定義：

   (1) 固化：指以固化劑與飛灰進行物理結合，使其衍生物之單軸抗壓強度於固化後第1天內達10 kg/cm^2，達到限制有害成分溶出或移動之處理方法。

   (2) 穩定化：指可將飛灰中之有害成分轉換成無害成分或降低其有害性之處理方法。

	一般廢棄物	事業廢棄物
中間處理	指一般廢棄物在最終處置或再利用前，以物理、化學、生物、熱處理、堆肥或其他處理方法，變更其物理、化學、生物特性或成分，達成分離、中和、減量、減積、去毒、無害化或安定之行為。	指事業廢棄物在最終處置或再利用前，以物理、化學、生物、熱處理或其他處理方法，改變其物理、化學、生物特性或成分，達成分離、減積、去毒、固化或穩定之行為。
穩定化	指利用化學劑與一般廢棄物混合或反應使一般廢棄物穩定或降低危害性之處理方法。	指利用化學劑與事業廢棄物混合或反應使事業廢棄物穩定化之處理方法。
固化法	93年修訂時認為穩定化法之處理方式涵蓋固化法，故將固化法併入穩定化法之定義中，刪除固化定義。	指利用固化劑與事業廢棄物混合固化之處理方法。

二、狹義固化之習稱

1. 安定化（stabilization）：將有害汙染物轉變成低溶解性、低移動性及低毒性之物質，以減少廢棄物具有害潛力之技術。

2. 固化（solidification）：添加固化劑於廢棄物中，使其變為不可流動性（non-flowable）或形成固體（monolith）之過程，而不管廢棄物與固化劑之間是否產生化學結合。

3. 固定化（fixation）：具有穩定化及固化二種作用之技術。

4. 限定化（immobilzation）：將毒性化合物固定在固體粒子表面上，以降低其危害性之技術。

5. 匣限化（encapsulation）：毒性物質或廢棄物顆粒，與加入
之穩定劑、固化劑凝聚，而被包匣或覆蓋之過程。

   (1) 內匣限（micro-encapsulation）：廢棄物（單）顆粒直接
與添加劑形成包匣作用。

   (2) 外匣限（macro-encapsulation）：許多廢棄物顆粒或已被
內匣限顆粒利用整個外圍包埋之方式聚集（例如以鼓形桶
包匣）。又稱巨匣限或巨表面包封。

◎固化比較偏物理作用，主要目的在使有害物形成固體降低其滲
出性、流動性。

◎穩定化則包括物理及化學作用，除固化之功能外尚有降低毒性
一項。

◎生物作用在固化及穩定化中並不重要。

◎匣限化＝包封法。

◎內匣限＝微匣限＝微表面包封。

◎外匣限＝巨匣限＝巨表面包封。

三、固化之主要目的

1. 使廢棄物形成固形體而不易流動，並提高剪應力。

2. 改變廢棄物的處理性質。

3. 降低會發生轉移之汙染物的表面積。

4. 當汙染物暴露在滲透之液體中時，能降低其溶解度。

四、固化／穩定化之原理

1. 物理作用

   (1) 黏結及吸附作用：每顆水泥粒子皆能發揮這種特性而牢牢地黏結和吸附重金屬之沉澱物。

   (2) 匣限及吸附作用：係指毒性物質或廢棄物顆粒，與加入之穩定劑、固化劑凝聚，而被包匣或覆蓋之過程。又分為內匣限及外匣限。

2. 化學作用

   (1) 水泥pH值通常介於12左右，含有大量鹼度，一般存在水泥中鹼類氧化物之含量約在0.4～1.3%，水泥混合物之高pH值使重金屬離子仍然以非活性及不溶解性之氫氧化物形態存在。

◎吸收（absorption）：有害成分穿透進入吸收劑內部而進入其內層結構中而被截留於吸收劑中，常用吸收劑包括土壤、飛灰、水泥灰、石灰等。

◎吸附（adsorption）：有害成分藉物理或化學作用，與吸附劑表面產生靜電力、凡得瓦爾引力及氫鍵等作用後附著／鍵結於

吸附劑表面,而被固定於吸附劑表面。

◎沉澱(precipitation):在穩定化過程中,有害成分與添加劑所提供或釋放之氫氧基、硫離子、碳酸鹽、磷酸鹽等產生反應,形成溶解度較低之穩定、不溶性化合物。金屬之碳酸鹽溶解度較氫氧化物為小,在較高pH值條件下,固化或穩定化產物中之金屬離子將會由其氫氧化物轉變為更穩定之碳酸鹽化合物。

$$Me(OH)_2 + H_2CO_3 \rightarrow MeCO_3\downarrow + 2H_2O$$

◎去毒(detoxification):將高毒性廢棄物有害成分轉變為較低毒性。例如利用二氧化硫、元素鐵(Zero-valence Iron)等還原劑將六價鉻還原為三價鉻可降低廢棄物之毒性。

五、固化/穩定化技術分類

◎依添加固化劑種類分類:

1. 無機物系統:包含水泥、石灰、火山灰、石膏及矽酸鹽等之組合。

2. 有機物系統:如環氧樹脂(epoxy)、聚脂樹脂(polyester)瀝青(asphalt/bitumen)、聚烯烴(polyolefins)及尿素甲醛樹脂等。

3. 其他:如玻璃化、燒結化,或無機及有機固化劑混合使用。

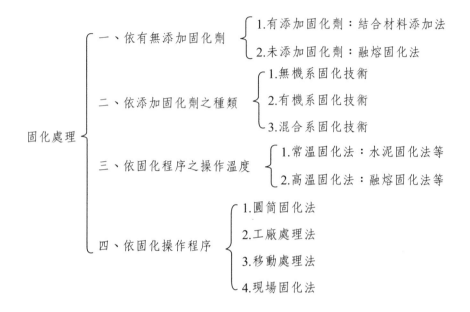

六、水泥固化法技術及其流程

　　廢棄物中加入波特蘭水泥、專利固化劑和其他如燃煤飛灰類之添加劑，與水混合並經適當混拌與養護（生）後形成類似岩石而具抗壓強度之塊狀物，將汙染物包封而穩定於固化塊中。

　　水泥固化法成功地應用於處理含高濃度重金屬之汙泥，水泥pH值甚高，高pH狀態之固化體內重金屬可轉變為不溶性之

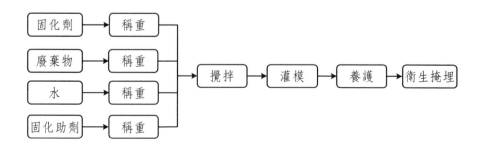

氫氧化物或碳酸鹽，且水泥塊類似離子交換樹脂，可截留重金屬。

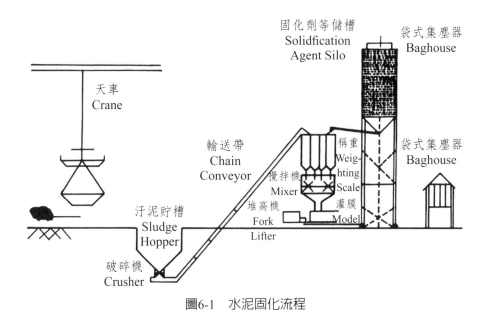

圖6-1　水泥固化流程

◎大多數無機有害廢棄物均可直接和水泥和其他添加劑混合處理。

◎優點：

1. 固化劑價錢適中。

2. 水泥之混合及操作技術已發展完全。

3. 固化處理所需之工具，市面上均可買到。

4. 可容忍不同化學性質的汙泥。

5. 其強度及滲透性可以水泥添加量加以控制。

◎缺點：

1. 低強度水泥與廢棄物混合，易受酸性滲出液破壞，可能導致其所固著之廢棄物成分之分解和加速滲出汙染因子。

2. 當廢棄物含有影響固化定型之成分時，需添加較貴的水泥或藥劑以改良水泥之凝固與養護。

3. 增加廢棄物之體積與重量。

七、各種固化法技術之原理

1. 石灰固化法：利用生石灰與磨成細粉之矽化物、卜作嵐（pozzolanic）物質及水反應生成類似火山岩混凝土之堅硬物質。其中常用之矽灰物質包括燃煤飛灰（coal fly ash）、爐石（slag）或水泥窯（cement kiln dust）等。

2. 熱塑性固化法：利用石蠟、聚乙烯或瀝青等熱塑性材料在高溫具可塑性之特點，將廢棄物乾燥，再與前述材料在130～230度高溫下混合，最後使其冷卻成型而固化之方法。

3. 有機聚合物固化法（organic polymer process）：以高分子單體與廢棄物充分混合，將廢棄物與固化劑發生物理性黏結而成為一體，在觸媒作用下攪拌聚合後形成如橡皮般之最終產物。高分子聚合物並未與廢棄物發生化學性之鍵結，其作用係將廢棄物截留於固體物內。

4. 包封法（encapsulation technique）：廢棄物被結合劑

（binder）覆裹而達安定化，可區分為內匣限（micro-en-capsulation）與外匣限（micro-encapsulation）2種。

(1) 內匣限是將廢棄物與添加劑混合，而每個廢棄物小顆粒上均裹上一層不透水之保護膜。

(2) 外匣限則係於經固化後之大塊廢棄物表面，再敷上一層高分子化合物，使其與外界隔離。

5. 玻璃化：主要乃使廢棄物與玻璃狀物質融合凝固，再行最終處置。由於玻璃狀物質之產物十分穩定，因此可用以固化放射性廢料等有害廢棄物。

6. 吸附法：針對有害液態廢棄物，先以活性碳、無水矽酸鈉及沸石等吸附劑將液體中之有害成分吸附於固體表面，但吸附於吸附劑表面之有害成分因與吸附劑之鍵結力不甚強而具再溶出之潛力，因此吸附後之吸附劑需再進行後續處理，例如添加水泥等固化劑進行固化，或可經燒結製成陶瓷固化體，再予以最終處置。

7. 自行膠結固化法：以少部分（重量比8～10%）將作為固化劑之含硫酸鹽或亞硫酸鹽廢棄物或脫水汙泥，在控制條件下鍛燒而形成脫水膠合化之硫酸鈣或亞硫酸鈣。再將脫水膠合化產物與大量汙泥、廢棄物混合，另外加其他之添加劑來進行固化。

8. 可溶性矽酸鹽固化法：為水泥／可溶性矽酸鹽固化法之前身，通常僅利用矽酸鹽之膠凝性質使廢棄物固結，強度較

差，常應用於建築工地地基或土壤注入，改變地質。

9. 石灰窯灰／水泥窯灰固化法：利用石灰或水泥窯產生灰燼作為固化之添加劑，因硫酸鈣含量較高致固化體膨脹率高，增加後續處置費用。

10.熔結／燒結固化法：將有害廢棄物單獨地或者是加入少量之輔助材料或添加劑，予以熔化或者進行燒成熔固處理之方法。

◎生石灰、熟石灰、灰石之差異：

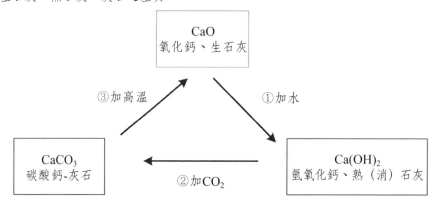

生石灰、熟石灰、灰石之差異：

八、台灣電力公司針對「用過核子燃料」目前規劃之處理方式

1. 第1階段為濕式貯存：用過核燃料剛自反應爐退出時，尚有殘餘的熱量及輻射線，因此必須存放在電廠內用過核燃料水

池中一段時間，以進行必要之冷卻。

2. 第2階段為乾式貯存：用過核燃料在上述水池中經多年冷卻
以後，其殘餘熱及輻射線已大幅降低，因此可將其自水池中
移出，於電廠內另興建乾式貯存設施以進行用過核燃料的乾
式貯存。

3. 第3階段為再處理或最終處置：在乾式貯存期間，可以將用
過核燃料取出，進行再處理以回收鈾與鈽等可利用的物質；
或建造最終處置場，永久處置用過核燃料，或永久處置經再
處理所產生的高放射性廢棄物，使其與人類現生活圈永久隔
離。

◎核廢料玻璃化：把廢料（液）與糖類物質混合後煅燒，煅燒後
所產生的成品會被引入到一個充滿玻璃碎片的熔爐，之後便把
尚未冷卻的液態混合物分批倒入圓形的不鏽鋼容器內。

九、熔結固化法之處理流程

將集塵灰、廢棄物焚化灰渣、汙泥等物質單獨或混合予以
加熱至熔點（pouring-point，約1300度）以上，使熔化形成流
體，所含部分有機物有害物質氧化、重金屬揮發，無機物存留於
熔融態之熔渣（slag）中產生穩定化／固化作用，最後熔融物冷
卻形成安定化熔渣（slag）。

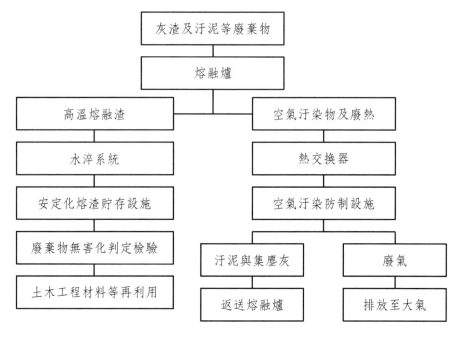

圖6-2 熔結固化法之處理流程

◎無需加入任何添加劑,減容效果佳。

◎反應機制尚未完全清楚且有耗能、處理費用高之缺點,但未來
垃圾焚化灰渣之處理,仍具發展潛力。

◎處理含重金屬廢棄物,需考慮揮發性高Hg、As、Cd、Pb氯化
物等逸散問題,空氣汙染物防治設備所收集之飛灰含高濃度重
金屬,應處理後再行最終處置。

十、燒結固化法之處理流程

將各種含重金屬廢棄物經過秤重調整配比並添加安定劑等

添加劑後,逐行研磨、混合及射出成型後,置於高溫爐中以進行燒結反應(熔點以下)。燒結過程中原本為粉體狀之廢棄物粒子藉表面溶解與反應等作用而相互接合,產物經退溫程序後成為安定無害化之產品。

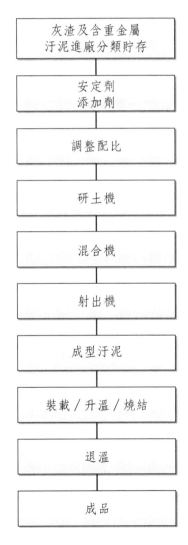

圖6-3 燒結固化法之處理流程

十一、熔融固化法之處理流程

　　將一般廢棄物或灰渣加熱至熔流點以上,使其產生減量、減積、去毒、無害化及安定化之處理方法。高耗能之處理技術,常用於對具輻射性之核能廢料或含重金屬之有害廢棄物,予以安定化、固定化之處理技術。

　　熔融溫度介於1,200～1,600度,在此高溫條件下,有機質成分已完全氧化,無機質成分則會形成玻璃質之熔渣,此時重金屬可因受到玻璃結晶之形成,而穩定地侷限於結晶格中,降低其溶出之可能性。

　　熔融固化法按使物質達到熔流點所需熱能之來源可再區分為:

1. 電器式熔融爐:使用電力作熱源,包括電弧爐、電漿爐、潛弧電阻爐、高週波爐。

2. 燃料式熔融爐:使用燃料作熱源,包括焦炭床熔融爐、表面熔融爐、迴旋熔融爐、內部熔融爐等。

◎若應用在核廢料處理稱為玻璃化法(vitrification);處理有害廢棄物時,稱為熔融玻璃化法(molten glass process)。

◎熔結固化法溫度大於熔點(1,300度),燒結固化法溫度低於熔點(1,200～1,600度)。

十二、廢棄物特性對固化作用之影響

處理方法 廢棄物成分	固化／穩定化處理方法			
	水泥固化	石灰固化	熱塑性固化	有機聚合物固化
有機物 — 有機溶劑及油	妨礙凝固，從蒸氣散出	許多會妨礙凝固、從蒸氣散出	加熱時有機物會蒸散	阻礙凝固
有機物 — 固體有機物塑膠、樹脂	良好，常能增加耐久性	良好，常能增加耐久性	可用作結合劑	會阻礙聚合物凝固
無機物 — 酸性廢棄物	水泥會被酸破壞	適合	結合前可能會被酸破壞	適合
無機物 — 氧化劑	適合	適合	引起結構崩裂、起火	引起結構崩壞
無機物 — 硫酸鹽	阻礙凝固並引起分解	適合	因脫水、吸水而裂開	適合
無機物 — 鹵化物	易於滲出，並引起分解	大部分易滲出，且阻礙凝固	會脫水	適合
無機物 — 重金屬	適合	適合	適合	低pH會溶解
無機物 — 放射性物質	適合	適合	適合	適合

十三、固化處理法之操作程序及分類

1. 圓桶處理法（In drum processing）：係將廢棄物及固化劑置於金屬製圓筒中，經加水攪拌、混合與養護凝固後，將固體

物與圓筒一起進行最終處置。

2. 工廠處理法（In plant processing）：以特別為固化程序設計之處理廠來處理廢棄物，可區分為處理自身廢棄物或專業性之廢棄物代處理廠。

3. 移動處理廠（Mobile plant processing）：固化處理設施係安裝於具機動性之運輸車輛或屬拆卸式，可送至廢棄物產源機構進行廢棄物之處理。

4. 現場處理法（In-situ processing）：針對被非法棄置於土地之廢棄物，將固化劑與地表之廢棄物混拌，以促使其凝固並將有害成分穩定化。

十四、固化處理程序之選擇依據

1. 廢棄物特性：決定處理方法之最主要因素。廢棄物因含少量之某種化合物就能大幅降低形成固體物之結構或包容力，如廢棄物內含有機溶劑時更會溶解有機性之固化劑。無機性有害固體廢棄物行固化處理時，較有機性廢棄物容易且效果佳。

2. 程序型態及要求：考慮實際廢棄物型態、貯存方式、數量及相關設施與空間之限制，選擇最適化之固化處理操作方式。

3. 最終產物之處置：所產生之固體物如需運送時應考慮其重量及體積，若擬採土地掩埋，除應符合衛生掩埋場或封閉掩埋場之規定外，應盡量選擇固化產物體積最小化之固化操作方式。

4. 法律之規定：廢棄物之固化成效因不同之固化技術而異，選擇固化技術時應考慮使固化產物後能達到法律規範之最低要求。

5. 經濟性：廢棄物特性、運輸費用、處理方法、法律規範要求之最低處理標準。幾乎全部有害廢棄物均能固化以符合法律規定，但部分固化方法需添加大量固化劑以克服廢棄物本身特性所造成之問題，此時將使固化技術喪失經濟上之誘因。

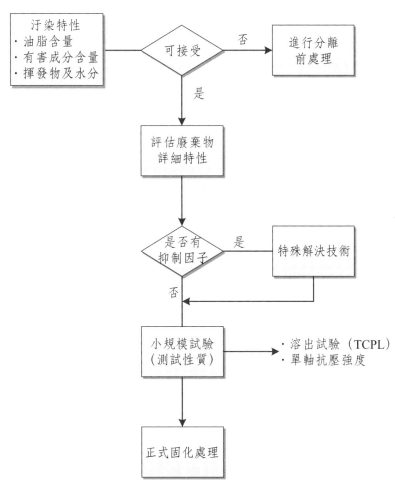

圖6-4　固化處理程序之選擇依據

十五、固化／穩定化處理成效之評估指標

1. 法規規定：

   (1) 依據「事業廢棄物貯存清除處理方法及設施標準」之規定，經固化法處理後之固化物，採衛生掩埋法處理者，其固化物之單軸抗壓強度，應在10 kg/cm^{2}以上。

   (2) 有害事業廢棄物採固化法處理者，其溶出試驗結果應低於有害事業廢棄物認定標準附表四之溶出試驗標準。並應採封閉掩埋法或衛生掩埋法處理，其採衛生掩埋處理者，應獨立分區掩埋管理。

   (3) 固化產物採再利用者，應依再利用相關規定申請。因此，選擇固化處理程序時，應使固化產物符合相關法規之要求。

2. 物理測試方法：決定處理成本及最終處置場之容積

   (1) 指標特性試驗：

   ① 粒徑分析：測定固化前後之廢棄物之粒徑大小與分布。

   ② pH值測試：測定廢棄物及固化產物之pH值，其高低將影響溶出液之特性。

   ③ 含水率試驗：測定廢棄物之含水率，決定固化處理前是否需要前處理。

   ④ 流動液體試驗：了解廢棄物本身是否有自由液體存

在。

(2) 密度試驗：

　① 外觀密度測定：測定固體物之單位容積重或假比重。

　② 圓柱測試法：現場測定泥土或泥土狀物質之密度。

　③ 錐測試法：現場測定泥土或泥土狀物質之密度。

　④ 固形物密度測試：測定固化後之塊狀廢棄物之密度。

(3) 透水性試驗：

　① 定水頭試驗法：保持固化產物上方之壓力水頭，使測試液體穿過固化體以測定水流穿過固化體之速率。

　② 變水頭試驗法：變動固化產物上方之壓力水頭，使測試液體穿過固化體以測定水流穿過固化體之速率。

(4) 強度試驗：

　單軸抗壓強度：以萬能抗壓試驗機，測定固化體之無圍抗壓強度，評估固化體承受機械壓力而不破碎之能力。

(5) 耐候性試驗：

　① 凍-融試驗：連續將固化體進行冷凍及融解程序，判斷在重複凍-融條件下，固化體之忍受性或損毀行為。

　② 凍-濕試驗：連續將固化體進行冷凍及潤濕程序，判斷在重複凍-濕條件下，固化體之忍受性或損毀行為。

3. 化學測試方法：TCLP（毒性特性溶出程序）

(1) 目的：

① 取代EP TOX（萃取毒性試驗），作為判定有害及無害廢棄物之準則。

② 作為一些表列（listing）有害廢棄物之判定標準。

(2) 適用範圍：此方法用於測試固相、液相或多層相之廢棄物中有機、無機汙染物。

(3) 試驗程序及影響因子：

① 樣品代表性：試驗樣品常因不均勻而影響其代表性，為得到較可信賴之溶出試驗結果，通常測試一個以上之樣品，當重複分析樣品之測定結果偏差小於一定範圍之品保與品控要求始可被接受。

② 試樣本身性質：含高鹼性物質之廢棄物於TCLP溶出過程可將毒性溶出試驗中之酸性溶媒加以中和，降低其對廢棄物中重金屬之溶出能力，導致影響TCLP試驗程序之測定結果。

③ 溶媒與固體廢棄物之重量比：我國之TCLP程序中規定廢棄物與溶媒之固液比為100 g廢棄物／2公升溶媒。

④ 萃取時間：我國之TCLP程序中規定廢棄物之震盪萃取時間為18±2小時。

⑤ 濾紙之種類、有效孔徑與壓力：不同之濾紙其適用對象不同；且孔徑愈小，則濾液中固體含量愈少。

⑥ 萃取震盪方式及轉速：通常旋轉式混拌之效果要比上下或前後振盪之混拌效果佳。我國之TCLP程序中規定旋轉裝置（Agitation apparatus）應能將萃取容器以30±2rpm之頻率上下翻轉。

⑦ 溶媒之pH：溶媒之pH較小時，重金屬之溶出量較大。

⑧ 試樣之粒徑大小：在未達到溶出平衡前，試樣之粒徑愈小或表面積愈大，則試樣與溶媒之接觸之總表面積愈大，總溶出量也愈大。我國之TCLP程序中規定，若廢棄物固體每克之表面積大於或等於或可通過9.5 mm之標準篩網，則不需要減小顆粒，逕行至萃取液選擇步驟。

⑨ 試樣之固體物含量及含水率：若固體含量大於或等於0.5%，則逕行依相關規定決定廢棄物是否需要減小顆粒步驟處理。

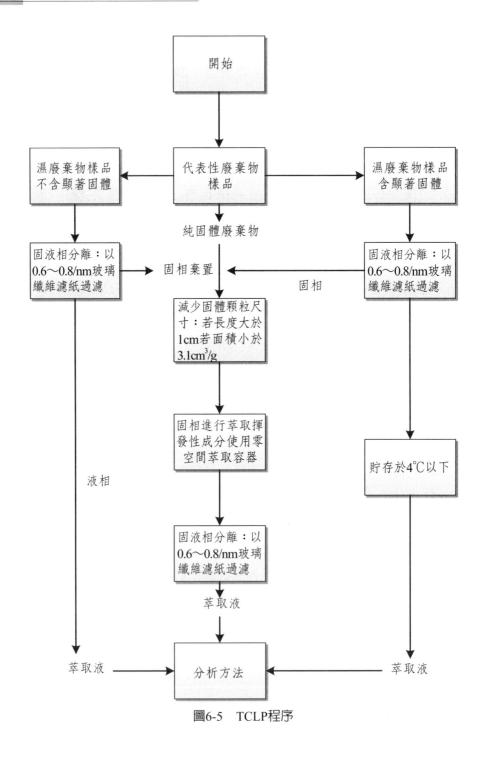

圖6-5　TCLP程序

4. 生物測試方法：

(1) 土壤平盤計數（Soil Pate Counts）：比較三種微生物之族群於廢棄物添加前後之總平盤計數與變動情形，藉以判斷土壤—廢棄物混合物之相對毒性。

(2) 土壤呼吸作用（Soil Respiration）：比較廢棄物添加前後微生物行好氧呼吸產物二氧化碳之產量與變動情形，藉以評估土壤—廢棄物混合物之相對毒性。

(3) 微生物毒性（Micro-toxicity）：比較廢棄物添加前後之生物螢光之增減與變動情形，據以判斷土壤—廢棄物之相對毒性。

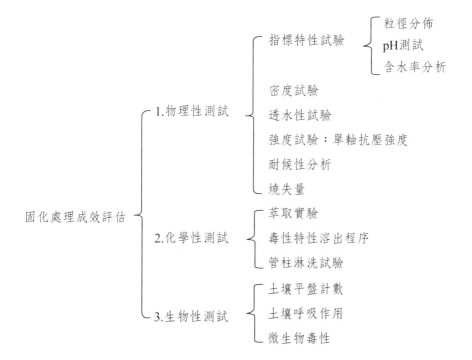

十六、我國固化處理之應用實例

1. 道路應用：早期臺北市內湖區內湖路一段之路基是依照高速公路規格標準建造，以汐止交流道每天通行2,000輛26 ton重卡車作為設計基準，應用「土壤硬化添加劑」以及少許水泥與原地土壤及少許固體廢棄物攪拌，壓平40 cm厚度，即符合所需之標準，時至今日已有多年，效果甚佳。

2. 廣場作用：基隆多雨，一般地基及柏油面層容易受雨水侵蝕損壞，基隆環球貨櫃場，乃採用日本土壤硬化劑系列，與原地土壤及少許固體廢棄物攪拌，壓平30 cm厚度，即達80 ton承載強度之貨櫃場。

3. 建材應用：高雄岡山某公司以煤灰、電石渣等事業廢棄物添加固化劑，替代混凝土建造廣場，其次，該公司又以各種廢棄物為骨材，添加不同比例之固化劑，研發一系列新型之建材及新式施工法。

4. 有害事業廢棄物再利用：桃園縣蘆竹鄉上中福排水之鎘汙染底泥，經安定化之技術處理，讓該汙泥再利用，構築為160 m²之停車場。

5. 汙染整治：國內某油公司油泥，採用美國固化程序，將汙染油泥安全化，做為人造土以回填汙泥地，即為資源再生。

考古題

1. 「固化」與「穩定化」對廢棄物處理之功能有何異同？試就
   工程應用的角度說明兩者施作上的差異，並比較兩者產物
   （固化物與穩定物）之後續或最後處置對環境的可能衝擊。
   （94年地特三等、94年簡任、97年地特四等）

2. 請定義「相容性」並列舉二件不相容之案例。（94年地特三
   等、98年地特三等）

3. 說明TCLP方法之用途、原理及方法概要。（96年地特四
   等、100年普考）

4. 簡答題：（94年普考）

   (1) 依法何謂有害事業廢棄物？

   (2) 一般所謂廢棄物工業（近似）分析是指哪些項目？

   (3) 何謂固化？試簡述其意義。

5. （94年高考）

   (1) 若依固化劑種類或施作方式，固化處理可分哪幾種？彼此
       間有何差異？

   (2) 承(1)，若含汞汙泥（汞含量700 mg/kg，水分=68 wt.%，
       熱值=560 kcal/kg濕基）宜採用哪一種？為什麼？

6. 說明毒性特性溶出程序之原理，並分別敘述有機與無機汙染
   物之試驗方法。（94年技師高考）

7. 試從水泥「水合作用」與「膠結作用」為基礎，論述水泥固

化法處理廢棄物之基本原理與機制？另水泥固化之處理（或作業）流程為何？（95年地特三等）

8. 試說明我國現行法規對於事業廢棄物固化處理及其後續流向之相關規定。（97年高考）

9. 飛灰（如電弧爐業集塵灰與焚化爐飛灰）因可能含有法定的有害成分，試以工程觀點說明並比較若以「固化法」與「高溫熔融法」處理之功能及對環境衝擊上的差異性。（97年地特三等）

10. 名詞解釋與簡答：（98年地特三等）

(1) 獨立分區掩埋

(2) 單軸抗壓強度

(3) 易燃性廢棄物

11. 名詞解釋並舉例說明：巨匣限與微匣限（macroencapsulation and microencapsulation）。（100年技師高考）

12. （102年地特四等）

(1) 試輔以流程圖，說明廢棄物固化處理之作業方法。

(2) 請評析廢棄物固化物於最終處置前，應做何性能測試，以防止日後之環境風險？

13. 試說明含重金屬有害廢棄物以水泥固化或穩定化之原理，及其使用限制與處理成效之判定方法。（104年高考）

請說明「水玻璃」及「硫化鈉」作為固化助劑（添加劑）之理論與機制。（104年薦任升官等）

chapter 7

堆肥處理

　　堆肥處理為將廢棄物生物處理之主流方式，生物處理較物理、化學處理複雜，因微生物之狀態影響後續處理成效甚巨。本章節介紹堆肥處理之定義、原理、程序發生之性質變化，供讀者思索堆肥處理是否為建議之廢棄物處理方法。

一、堆肥之定義及原理

　　依據「一般廢棄物貯存清除處理方法及設施標準」第二條之規定，堆肥處理法係指藉微生物之生化作用，在控制條件下，將一般廢棄物中之有機質分解腐熟，轉換成安定之腐植質或土壤改良劑之方法。

　　堆肥是生物處理程序，其原理是利用微生物來分解有機物，不同成分之有機物在好氧環境中會轉化為安定之堆肥物質及二氧化碳、水、硝酸鹽、硫酸鹽、熱能等。依供氧之有無區分為好氧堆肥及厭氧堆肥2大類，一般通稱的堆肥是指好氧堆肥。在節能減碳及推廣生質能使用情境下，厭氧堆肥有甲烷氣可資源回收再利用又受到重視。

$$\left.\begin{array}{l}\text{蛋白質}\\\text{氨基酸}\\\text{脂肪}\\\text{碳水化合物}\\\text{纖維素}\\\text{木質素}\\\text{灰分}\end{array}\right\} + O_2 + \text{營養鹽} + \text{微生物} \rightarrow \text{堆肥穩定化物質} + \left\{\begin{array}{l}CO_2\\H_2O\\NO_3^-\\SO_4^{2-}\\\text{熱}\end{array}\right.$$

◎堆肥成功3大要件就是有機物、微生物及控制環境。

二、堆肥化之目標

1. 分解易腐敗性有機物成分：微生物於操作條件下穩定或分解易腐敗性有機物，使成為類似腐植質之安定化無臭味產品。
2. 消滅致病菌及雜草種子：維持適當溫度與持續時間以減滅致病菌及雜草種子。
3. 回收氮、磷、鉀等肥分：為回收廢棄物中之有效肥分，堆肥過程中應盡量保存氮、磷、鉀等肥分；如有必要，可將具不同化學成分之農業資材依不同目的及其配比予以混合後進行堆肥。
4. 提升堆肥產品品質：產品需成分均勻、穩定且質輕，不含毒性物及廢棄物如玻璃、塑膠等，提高堆肥產品使用之方便性及農民使用之意願。
5. 製程管理：製作過程需保持安全衛生、沒有昆蟲、鼠類及臭味。
6. 降低成本：採用經濟且可靠之製作方法，降低生產成本以提高堆肥產品之市場競爭力。

三、堆肥處理之優缺點

優點：

1. 改良綠農地土壤性質、增加土壤肥分、改善土壤之吸水性、透水性、疏鬆土壤及保持土力、增加土壤中微生物之活性，其主要成分之「腐植性」及「長效性」為化學肥料所不及。

2. 堆肥之分類／分選等前處理程序可回收大量金屬、玻璃及塑膠類等有用之物料。

3. 生物可分解無害性有機性之垃圾均可進行堆肥處理。

4. 堆肥處理設施之汙染物排放問題可藉工程技術克服，可設於垃圾集運區之中心，減低運送及清運垃圾之費用。

5. 廢棄物堆肥化處理之操作具彈性（100～200%）。

6. 堆肥化係於室內進行，不受天候的影響。

缺點：

1. 受垃圾特性變動之影響，垃圾堆肥原料性質複雜，產品品質不穩定，市場接受度日漸下降，銷售困難。

2. 垃圾中之無機性垃圾需要另外分選及處理。

3. 堆肥化設施若規模較大時，為維持堆肥化工廠之環境衛生，需對相關軟硬體進行投資與管理。

4. 相對於掩埋法而言，堆肥化處理設備費、操作費較高且必須有優良的操作技術與人員素質。

5. 需有預備處理設施，以解決堆肥廠（場）故障或超額之垃圾。

6. 堆肥價格受運輸費用影響甚大,需盡量將工廠設於農地附近。

四、堆肥材料之選定原則

1. 易腐熟材料之選定:含有充分有機物質之垃圾才適合進行堆肥化處理,混入之玻璃、塑膠等異物及不適堆肥之物質先予去除,以增進堆肥化速率。

2. 適合之材料顆粒尺寸:粒徑太大將使反應面積過小而降低分解速率;粒徑太小會降低孔隙率導致空氣供應不足而產生厭氧情形。一般將垃圾破碎至2.5～7.5 cm,較適宜。

◎有機質的粒度一般約為10～20 mm,太粗時,由於能被微生物利用的表面積小,分解速度會較慢;太細時,由於粒徑間的空隙太小,會造成氧氣供應孔道不順暢,不利好氣性分解。

◎應視材料之粗細添加副資材並充分混合,以使合後之物料有良好之通氣性(孔隙度),避免造成局部通氣不佳,而使溫度不均、水分無法發散、產生臭味等問題。

五、堆肥發酵之條件

1. 植種分解菌:將含適當微生物之腐熟堆肥產品或水肥汙泥等混入生垃圾中植種(Seeding)以增加微生物菌源或增加微生

物分解酵素。返送1～5%堆肥添加於生垃圾,可達植種效果(目前的有機質堆肥化多利用自然界的微生物群)。

2. 水分調理:

(1) 水分為微生物維持生命之必需品及養分傳送之介質。為維持堆肥微生物之活性,堆肥過程應保持適當水分。一般生垃圾含水率通常在40～65%範圍內,若作好氣性堆肥時以50～60%含水率為最佳。

(2) 水分過高時,部分垃圾將引起厭氣發酵而延長有機物分解需要時間,但含水率過低時,有機物則不易分解。低於12～15%含水率時微生物活動幾近停止。

(3) 水分之調整除直接添加水外,亦可與不同含水率之廢棄物混合而達到調整水分之目的。

3. 採用好氧性高溫發酵:

(1) 好氧性堆肥分解有機物主要作用為好氧性微生物之生物化學代謝作用,堆肥化期間必須保持通氣良好,供給充足氧氣,增快微生物繁殖速率以縮短堆肥時間。

(2) 空氣的供應有強制通風、翻堆或兩者併用等方式,唯翻堆頻率與通氣量宜適當,以避免過高造成溫度不易蓄積,而產生反效果。

(3) 好氧性堆肥化所需時間約1個月,而厭氣性發酵法需4個月以上。

4. 生垃圾碳氮比：
   (1) 好氧性堆肥法，有機碳含量代表其可供微生物利用的比例，氮含量則代表可繁殖微生物的族群量。
   (2) 若C/N值偏低，表示超量氮於堆肥過程將以NH_3型態逸失，且微生物活性亦受妨礙；C/N比過高時，所需堆肥化時間則甚長。
   (3) 一般而言，作為堆肥原料之生垃圾之C/N比應以各種農業副資材調整，使介於20～35間。

5. 發酵溫度：堆肥初期溫度急速升高至以上，然後維持一段時間（視堆肥材而異，廚餘則可維持約1個月左右），然後逐漸下降至常溫完成腐熟，一般堆肥材料以纖維質居多，而纖維質有機物分解溫度以50～70度的高溫條件最容易進行，但是堆肥化過程常採強制通氣，自然會產生降溫效應，所以通氣量應以不造成降溫為宜。

6. 空氣需求：通過堆肥反應系統後之排氣中至少應含50%之原有氧濃度剩餘量。

7. 攪拌翻堆：防止堆肥過程發生乾燥、硬化之情況，使廢棄物含水分及溫度均勻，需定期進行攪拌翻堆。先期堆肥1天1次，後期堆肥3天1次。

8. pH值：超過8.5易造成氮逸失。有機材料分解發酵的pH值範圍在5.5～8之間，如呈現酸性即有可能在厭氧發酵狀態，可增加翻堆次數或添加生石灰（氧化鈣）以提高酸鹼值至正常

狀態。完熟之堆肥其pH值會呈中性或微鹼性，尤其富含貝類
殘體之腐熟廚餘堆肥，更具有平衡酸性土壤的良好效果。

六、堆肥處理方法分類

1. 野外堆肥法（Windrow Composition）：直接將廢棄物以長
   條並列狀堆置於平地上，斷面形狀為4～5 m寬，1～2 m高之
   長方形。利用表面與空氣中之氧氣接觸進行生物作用，隔一
   段時間須將廢棄物上下翻動，使內部之廢棄物重新暴露於空
   氣中。

2. 通氣堆積法（Aerated Pile或Static Pile）：在基本上類似野
   外堆肥法，但在底部設有多孔性通氣管。通氣方式有直接從
   底部供應或將底部控制於負壓情形下，使空氣自廢棄物表面
   吸入等2種，後者常有脫臭之功能。因強制通氣之結果，反
   應時間也較野外堆肥法約減短一半之時間。

3. 高速堆肥法（High-Rate Composition）：控制條件下之反應
   槽前先經選別、破碎等前處理，反應中除強制通風外，並連
   續或間歇進行攪拌，增加廢棄物與空氣中氧氣接觸之機會，
   以加速反應之進行。故一般僅需數日即可完成主發酵反應。

4. 半高速堆肥法（Semi-High-Rate Composition）：本法係將
   經選別、破碎後之廢棄物置於窪地進行掩埋處分，窪地底部
   鋪有一層非堆肥物（或熟成堆肥）並鋪有送氣管強制通風以

利堆肥之進行。此方法類似衛生掩埋法,但因在好氧之情形下進行反應,使穩定化之時間大幅縮短。

七、堆肥化處理之流程及堆肥處理廠設施規範

垃圾原料 ⟶ 選別 ⟶ 破碎 ⟶ 分離 ⟶ 水分調整及成分調配
⟶ 主發酵(翻堆) ⟶ 後發酵(二次發酵) ⟶ 後處理(篩分)
⟶ 成品

1. 進料供給設備:

(1) 計量器:具有適當準確度之地磅。

(2) 垃圾傾卸台:防止垃圾或汙水飛散發臭,滲出水滲漏及洗滌水應有適當收集處理設施。

(3) 投入門:設置適當規格與數目之投入口。

(4) 貯存槽(場):設計量應能貯存計畫最大日處理量2日份之進料廢棄物量。

(5) 垃圾吊車:應考慮一次最大抓取量、故障及維修時之備份。

(6) 進給漏斗:進料漏斗應避免產生架橋作用之規格。

(7) 進給輸送機:輸送機應選擇無阻滯及減少廢棄物掉落發生之規格,若有臭味問題,則應採密封式輸送設備。

2. 前處理設備:

(1) 破袋機：將垃圾袋順利破裂，以便將互鎖之廢棄物單離分選。

(2) 破碎機：需將垃圾破解至適當大小（1～3吋），俾利可堆肥物之分離與加速堆肥反應速率，縮短反應時間。

(3) 分選設備：可堆肥、不可堆肥化物及有價物分類。

(4) 調整設備：供可堆肥化物暫時貯存，調整進料廢棄物之含水率、元素組成、pH值等物理化學特性。

(5) 添加裝置：將一定比例之水肥、汙泥或樹皮等具不同肥料成分含量之有機資材添加於可堆肥化物料中，以利發酵進行及製作符合特定需求之堆肥產品。

(6) 堆肥返送設備：將物質或堆肥返送至前處理設備或發酵設備進行植種，補充堆肥微生物群以促進發酵。

3. 發酵腐熟設備：

(1) 發酵設備：控制反應溫度外，對可堆肥化物應具備供給空氣、攪拌、調整水分、輸送及排水等功能。具耐腐蝕性及可防臭功能。

(2) 腐熟設備：防水、防臭、防晒及高效率之設備。

4. 後處理設備：

(1) 粉碎機：將發酵產物粉碎至適當粒徑，使產品均質。

(2) 分選設備：自堆肥產品中分離夾雜物。

(3) 輸送設備輸送帶或機具：應具避免飛散、阻塞或掉落功能。

5. 貯存壓縮成形設備：

(1) 貯存設備：便於貯存及搬運作業。

(2) 壓縮成型設備：將成品壓縮成型至預定形狀。

6. 脫臭設備：可以稀釋、洗淨、吸附、氧化等方式。

7. 廢水處理設備：設施產生之廢水，應處理或利用做水分調節。

8. 集塵設備：去除粒狀汙染物。

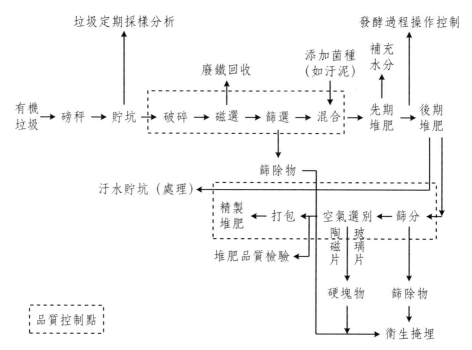

圖7-1　垃圾堆肥流程

八、堆肥成品品質之控制

　　堆肥處理重點在於前處理程序及後端之精製，堆肥化成品則需符合市場所需以利暢通其銷售管道。堆肥成品之評價標準應包括：

1. 腐熟程度：所謂有機堆肥之腐熟，係指有機物經微生物之作用將易分解之成分分解完畢，成為性質安定不再變化的情形。當其施用於土壤中，不至於快速釋出營養成分而引起作物之障礙，可藉以提升土壤肥效，增加農作物之生產量。

2. 肥效成分：垃圾有機堆肥之氮含量2～2.5%，磷含量約2%，鉀含量1～2%。我國規定垃圾堆肥產品總氮量在0.8%以上，總磷含量在0.6%以上，總氧化鉀量在0.6%以上，灰分在60%以下。

3. 有害物質含量：肥料物質將經由土壤吸收，並移轉累積於農作物中，又因土壤在栽植作物期間需長期的施用肥料，因此，在垃圾堆肥處理過程中，廢棄物所含的有害物質，應注意除去，尤其是重金屬。

4. 異物夾雜率：因為垃圾性質複雜多樣，使堆肥製品中之異物混雜率增加。尤其塑膠及玻璃，影響堆肥成品之品質。

試驗項目	未腐熟原料	腐熟堆肥	註解
1. pH	5～6	7～8	原垃圾pH高不適用
2. COD	腐熟後COD降低85%		可信度良好
3. 耗氧率	腐熟後堆肥耗氧率降低25%		可信度良好
4. 總有機物	80～90%	60～70%	需多量之樣品
5. C/N比	35～50	10～20	分析較複雜
6. 外觀	棕色、多纖維	黑色易脆	物理性質改變
7. 臭味	腐臭味、惡臭味	泥土味、霉臭味	容易辨別但不具體

九、廚餘回收方法

　　「廚餘」指丟棄之生、熟食物及其殘渣或有機性廢棄物，並經主管機關公告之一般廢棄物。廚餘依分類排出及後續處理方式不同，又可分為生廚餘及熟廚餘。

1. 熟廚餘（養豬廚餘）：一般家庭剩菜剩飯、麵食、魚、蝦、肉類、內臟、生鮮或熟食、過期食品等適合豬食者均是。

2. 生廚餘（堆肥廚餘）：纖維較多之菜葉、水果渣、咖啡渣、茶渣、豬隻無法消化之貝殼類（蟹殼、文蛤殼、貝殼等）或果核（龍眼、荔枝殼及子等）、落葉、花材等不適合養豬者。

◎國內廚餘之收運方式：大部分都市仍採於壓縮式垃圾車後配合掛廚餘回收專筒收運，少數使用廚餘專用收運車。

十、廚餘資源化方法

回收再利用方法	優點	缺點
機械式快速發酵法（有機肥料化）	1. 可達永續利用的發展目標 2. 對環境衝擊較小 3. 改良土壤 4. 操作方便	1. 應整合堆肥市場行銷通路，避免滯銷情形 2. 技術指導應普及
做成禽畜飼料（飼料化）	1. 減少養豬成本 2. 對於廚餘中油脂處理效率高 3. 不需考慮市場銷售	1. 需注意豬糞尿汙染防治 2. 對於養豬戶管理應有整體規劃
厭氧發酵產生沼氣	1. 具有經濟效益 2. 消耗能源低	1. 應整合相關技術 2. 應注意市場需求，以作為回收甲烷純度要求 3. 因含水分、硫化氫以及量很少之不穩定之特性導致使用受到限制
堆肥	1. 廚餘富含有機質，適合堆肥 2. 廚餘堆肥化，產生有機質肥料，無剩餘廢棄物 3. 二次發酵，植物可直接利用 4. 技術門檻低，操作管理容易	1. 除油後之油脂尚需處理 2. 廚餘來源範圍廣，性質不一，增加前處理困難 3. 臭味問題 4. 空間土地需求大 5. 需時較長（需二次發酵）
飼豬法	1. 可將廚餘中大量油脂消化，避免處理上困難 2. 豬隻作生物處理器，分解70%以上有機物	1. 廚餘來源成分不一，性質不易控制 2. 豬糞尿處理問題需嚴密控制 3. 預防豬隻傳染病

考古題

1. 請就環境保護與健康安全觀點,比較說明家戶廚餘養豬與堆肥化處理的優缺點。廚餘除上述二種處理、利用方式外,還有其他合乎環境保護的處理方式嗎?請舉例說明之。(94年地特四等、101年高考)

2. 為了判別堆肥是否已達腐熟,常使用一些「試驗項目」的結果當成指標,除了「耗氧率」及「化學需氧量」之外,試列舉其他至少五項「試驗項目」,並就該五項「試驗項目」之試驗結果,比較「未腐熟原料」與「腐熟堆肥」之差異性。(98年技師高考、100年身特四等)

3. 請說明堆肥處理之原理,並列舉其重要之基本控制條件。(95年地特三等、97年普考、100年地特三等、100年薦任升官等)

4. 試規劃一座廚餘堆肥處理系統,需繪圖說明包括二次汙染防治單元之主要處理流程,以及各單元選擇與設計準則要項。(95年技師高考、101年高考)

5. 堆肥有哪些方式?試說明之並比較其優缺點。(94年地特三等)

6. 回收之廚餘資源化管道之一為堆肥法,堆肥法成功推行之最大障礙為臭味問題所招致之公害陳情抗爭;請問:廚餘堆肥化過程中產生臭味之主控因素有哪些?根據前述臭味產生因

素,從治本及治標兩個面向,你如何進行臭味汙染防治?
(98年普考、103年地特四等)

7. 試述廚餘、水肥及汙水處理剩餘汙泥之特性及其共同厭氧消
化處理之適宜性,並繪一處理流程配合說明之。(94年地特
三等)

8. 我國自95年1月開始執行垃圾全分類,其中包括家戶廚餘,
何謂生廚餘?何謂熟廚餘?廚餘應如何予以資源化?如何檢
驗資源化成品之品質?請說明之。(95年普考)

9. 名詞解釋與簡答:堆肥處理的目的(98年地特四等)

10. 詳細說明高速堆肥處理之原理與設計考慮項目。(98年地特
三等)

11. 今擬設計一高速堆肥化設施,試根據下列假設、數據與流
程設計,推估100公噸廢棄物進料之堆肥物產量、堆肥含水
率、殘渣量及殘渣含水率。但假設:(99年技師高考)

   (1) 可堆肥化物之分選效率:第一段為$\eta c = 0.9$;第二段為$\mu c = 0.8$。

   (2) 不可堆肥化物之分選效率:第一段為$\eta u = 0.1$;第二段為$\mu u = 0.2$。

   (3) 可堆肥化物之分解率:第一段為$\alpha c = 0.4$;第二段為$\beta c = 0.3$。

   (4) 水分之發散率:第一段為$\alpha \omega = 0.6$;第二段為$\beta \omega = 0.7$。

   每100公噸廢棄物進料組成:

垃圾組成		垃圾組成		計算值	
		濕基百分比 (%)	水分百分比 (%)	100T中固體 物重量（T）	100T中水分 重量（T）
堆肥物	紙類	33.51	49.4	16.96	16.55
	廚餘	32.33	75.18	8.02	24.31
	總計	65.84	-	24.98	40.86
非堆肥化物	纖維	2.94	34.13	1.94	1.00
	橡膠	7.41	23.24	5.54	1.87
	皮革	0.88	11.29	0.78	1.10
	磁器	9.05	7.67	8.36	0.69
	土砂	9.29	47.04	4.91	4.38
	金屬	4.59	5.00	4.36	0.23
	總計	34.16	-	25.89	8.27
合計		100.00		50.87	

堆肥流程如下：

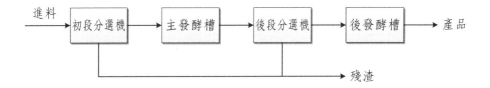

12. 試說明好氧堆肥與厭氧消化法之原理、特點及其在廚餘處理上之應用。（100年技師高考）

13. 說明目前行政院環境保護署如何推動廚餘回收與教育宣導工作？（100年地特三等）

14. 廚餘堆肥化處理需要克服哪些問題？如何克服？（101年地

特四等）

15. 試詳細解釋下列各名詞：（101年地特四等）

    (1) 生質廢棄物

    (2) 衛生掩埋場廢棄物穩定化之五個反應期

    (3) 廢棄物物質安全資料表（MSDS）

16. 擬將果菜市場所收受的廚餘（含葉菜類、鐵金屬及其他不適堆肥雜物）堆肥資源化作為土壤改良劑。試設計此一「好氧堆肥化處理」流程，並說明每一流程設置原因及其堆肥化所需的操作條件。（102年地特三等）

17. 溫度對於堆肥處理有何重要性？（103年普考）

18. 請說明(1)C/N、(2)pH、(3)水分、(4)溫度等條件，對有機物好氧堆肥之影響。（104年普考）

19. 近年來推動廢棄物轉換為生質能源，是一項相當重要的廢棄物處理與再生能源的發展政策。試回答下列問題：（104年高考）

    (1) 下水汙泥與廚餘若採共同厭氧消化反應產能，就未來技術設計參數考量而言，應進行分析之項目至少包括哪些？並說明原因。

    (2) 下水汙泥與廚餘若採共同熱處理反應產能，就未來技術設計參數考量而言，應進行分析之項目至少包括哪些？並說明原因。

chapter **8**

焚化處理

　　焚化處理為廢棄物熱處理方法之一，其依不同燃燒溫度又可分為焚化、熱解、熔融法，為地狹人稠之我國處理垃圾之主流（可見考古題多之趨勢）。本章節介紹焚化處理前置工作、焚化過程中的3T要素，以及焚化後對環境之影響皆於後之詳述。

一、熱處理方法及其定義

　　焚化處理法，係將垃圾中之可燃物（如紙類塑膠類等有機物），於850～1,050度高溫條件下加以燃燒使其轉化成二氧化碳與水等無機物及少量安定之垃圾處理方法。

熱處理法	一般廢棄物	事業廢棄物
焚化法	指利用高溫燃燒，將一般廢棄物轉變為安定之氣體或物質之處理方法。	指利用高溫燃燒，將事業廢棄物轉變為安定之氣體或物質之處理方法。
熱解法	指將一般廢棄物置於無氧或少量氧氣之狀態下，利用熱能裂解使其分解成為氣體、液體或殘渣之處理方法。	指將事業廢棄物置於無氧或少量氧氣之狀態下，利用熱能裂解使其分解成為氣體、液體或殘渣之處理方法。
熔融法	指將一般廢棄物或灰渣加熱至熔流點以上，使其產生減量、減積、去毒、無害化及安定化之處理方法。	指將事業廢棄物加熱至熔流點以上，使其中所含有害有機物質進一步氧化或重金屬揮發，其餘有害物質則存留於熔渣中產生穩定化、固化作用之處理方法。

熱處理法	一般廢棄物	事業廢棄物
熔煉法	無此方法。	指將事業廢棄物併入金屬高溫冶煉製程中,合併進行高溫減量處理或金屬資源回收之處理方法。
其他熱處理法	無定義。	無定義。

◎依「一般廢棄物回收清除處理辦法」將熱處理區分為焚化、熱解、熔融及其他等4種;另依「事業廢棄物貯存清除處理方法及設施標準」熱處理法除一般廢棄物回收清除處理辦法所訂4種外,尚包括熔煉法共計5種。

◎充足氧或過剩氧之處理程序→焚化;無氧或少量氧→熱解。

二、我國焚化處理之演進

　　國內每日約產生20,200公噸垃圾,其中有9,000公噸是由執行機關清運。垃圾清運後之處理方式有焚化、衛生掩埋、一般掩埋3大類,焚化占了97%。國內對於焚化廠興建及操作已累積豐厚經驗,並取得民眾信賴,較少抗爭事件。然而焚化廠仍持續面臨戴奧辛汙染、底灰、飛灰、反應灰處置,甚或無垃圾可燒及除役、轉型等衝擊。

三、燃燒之基本原理及其反應階段

　　垃圾受高溫燃燒一般分為乾燥（蒸發水分）、燃燒（氣化有機物）、後燃燒（將有機氣體轉化為安定氣體）3階段，可再將垃圾燃燒反應順序分為：

1. 垃圾乾燥而加熱至反應溫度：溫度升高至100度左右，水氣會被蒸發。

2. 熱解氧化（pyrolysis）：作用範圍從250～600度，固體物可能藉由熱解反應生成揮發固體化合物及焦炭（char），或藉由融化與沸騰或昇華作用而使固體化合物轉變成揮發性氣體。

3. 揮發性氣體燃燒：達到燃點溫度（約500度）即進行，未燒盡的固體表面繼續進行熱解或少量固體表面燃燒行為，平均溫度變化由500～800度。

4. 氣相熱解及自由基產生（連鎖反應開始）。

5. 主要氧化（燃燒）反應開始。

6. 若爐內溫度低於1,000度，灰燼大都含有固定碳成分，若溫度高於1,000度以上，在氧氣足夠條件下，碳化生成物則易有氧化及高溫燃燒之現象，可使殘存之碳完全燃燒成無機性灰燼。若燃燒生成氣體，其氧化尚未完全，則可導入二次燃燒室再進行燃燒，其生成氣體可經過空氣汙染控制設備（APCD）處理後從煙囪排放。

◎反應中，以燃燒反應最快，而揮發速率最慢，且是決定廢棄物熱破壞速率最主要的機制。

四、焚化法之優缺點

優點：

1. 所需土地面積較少。

2. 可以選擇市區內為處理地點，減少大量的清運費。

3. 殘渣灰分變成無害化、有機物少，適於填地（減量化）。

4. 能夠處理各種不同之垃圾，環境衛生及二次公害可有效控制。

5. 氣候的影響較少。

6. 操作有彈性，可做有限度的增加或減少處理量。

7. 焚化所產生之熱能可回收利用於回饋設施。

8. 可以很迅速的處理大量垃圾，所有的害蟲、細菌均可燒死。可將垃圾原體積減至1/10～1/20。

缺點：

1. 需要有較高的操作技術，設備費昂貴，需做較大的投資。

2. 操作、維持費較高。

3. 處理位置選擇困難，易遭民眾之反對（與衛生掩埋同）。

4. 非最終處置，底灰、飛灰、反應灰仍要處理。

5. 需有二次汙染防治設備。

6. 建廠時間較久易延誤垃圾處理時效。

五、燃燒之基本反應式

　　廢棄物中可燃性物質主要由碳（C）、氫（H）、硫（S）等元素構成，應用可燃元素燃燒反應之反應物及產物的平衡關係式，可推求燃燒需要空氣量與燃燒生成廢氣量。

1. C元素燃燒反應：

　　$C + O_2 \rightarrow CO_2$, $\Delta H = -8100$kcal/kg-C

　　$C + 1/2O_2 \rightarrow CO$, $\Delta H = -2400$kcal/kg-C　C不完全燃燒

　　$CO + 1/2O_2 \rightarrow CO_2$, $\Delta H = -5700$kcal/kg-C

2. H元素燃燒反應：

　　$H_2 + 1/2O_2 \rightarrow H_2O_{(g)}$, $\Delta H = -28875$kcal/kg-H_2

　　$H_2 + 1/2O_2 \rightarrow H_2O_{(l)}$, $\Delta H = -34250$kcal/kg-H_2

3. S元素燃燒反應：

　　$S + O_2 \rightarrow SO_2$, $\Delta H = -2250$kcal/kg-S

◎垃圾元素分析不計算N，是因為垃圾中含N成分少，且焚化溫度不會超過1,100度，NOx產量低。

◎Cl不計算是因為垃圾中含Cl成分低。

◎$\Delta H < 0$為放熱反應；$\Delta H > 0$為吸熱反應。

六、完全焚化之基本條件

欲使燃燒完全或提高燃燒效率至少90%以上（完全焚化），需具備下述要件：

1. 可燃物──發熱量：垃圾之發熱量可由實測或由垃圾之成分推估而得，由低位發熱量，可判斷垃圾是否適於焚化處理或是否考慮回收熱量。一般焚化爐之垃圾自燃界限，低位發熱量（H_l）約為1,000 kcal/kg。

2. 氧或空氣──助燃氧氣、空氣及廢氣量：可燃物完全燃燒，理論上所需氧或空氣量，可由燃燒反應式求得，但實際燃燒時，理論空氣量並不足以將焚化爐內垃圾中可燃分完全燃燒。

3. 燃燒溫度：可燃物質必須於溫度達發火點始可燃燒，故焚化爐內需維持在約850～1,050度，方可達到燃燒之目的而使垃圾減量，並可使產生之可燃性氣體完全燃燒，防止臭味與避免有毒氣體排出爐外。

   (1) 溫度下限：700度，使惡臭成分完全氧化。

   (2) 溫度上限：1,000度，低於灰分之熔點（約100～1,200度）。

4. 混合與攪動：藉著爐床充分的混合與攪動，可將緊密之垃圾分散，增加其與氧氣接觸的機會，提高燃燒速率。使水氣易於蒸發，此外，應避免燃燒氣體因密度不同而成分層現象，

而致部分廢氣未完全燃燒即被排出爐外。一般可藉爐床之機械攪拌與控制流動空氣及燃燒氣體之流速或流向,來攪動垃圾並混合燃燒室內之氣體。

5. 燃燒時間:燃燒時間太短恐無法達完全燃燒,但時間太長則難以維持適當燃燒溫度。一般依垃圾性質,可調整垃圾在爐內移送速度予以控制,使燃燒產生的可燃性氣體,在燃燒室內有充分的停留時間,達到完全燃燒。焚化爐內固體物停留時間,多段爐一般為0.25～1.5小時,氣體停留時間一般為0.1～0.2秒。

6. 補助燃料:廢棄物焚化過程需適時添加重油等補助燃料,其目的包括:

   (1) 焚化爐完工或歲修後起爐運轉時,使燃燒室達必要溫度。

   (2) 進料垃圾中含水率高導致發熱量過低時,為確保焚化效果及避免產生二次汙染物。

   (3) 於二次燃燒室內添加補助燃料,使一次燃燒室產生之可燃性氣體完全燃燒。

   (4) 提供熱含量不足之垃圾,於焚化過程中回收熱能時所需之熱量。

◎溫度、時間、混合即燃燒要件中所謂「3T」。

七、計算燃燒所需空氣量

廢棄物所含元素種類	燃燒反應	單位元素重量所需氧氣量（Nm^3/kg）
C	$C + O_2 \rightarrow CO_2$	$\dfrac{C}{12} \times 22.4 = 1.867C$
H	$H_2 + 1/2O_2 \rightarrow H_2O$	$\dfrac{H}{12} \times \left(22.4 \times \dfrac{1}{2}\right) = 5.6H$
S	$S + O_2 \rightarrow SO_2$	$\dfrac{S}{32} \times 22.4 = 0.7C$
O	$O \rightarrow 1/2O_2$	$\dfrac{O}{16} \times \left(22.4 \times \dfrac{1}{2}\right) = 0.70$

理論需氧量$O_0 = 1.867C + 5.6H + 0.7S - 0.7O$ (Nm^3/kg)

理論空氣量

$A_0 = O_0/0.21 = 8.89C + 26.7H + 3.33S - 3.33O$ (Nm^3/kg)

實際空氣量$A = m \times A_0$

m：過剩空氣係數（或空氣比）＝ 實際空氣量／理論空氣量

八、計算完全燃燒之廢氣量

1. 濕燃燒氣體量：

$$V_w = 1.867C + 11.2H + 1.244W + 0.7S + 0.21(m - 1)A_0$$
$$+ 0.8N + 0.79mA_0 \ (Nm^3/kg) \tag{8-1}$$

2. 乾燃燒氣體量：

$$V_d = (m - 0.21)A_0 + 1.867C + 0.7S + 0.8N \ (Nm^3/kg)$$

廢棄組成	估算法	係數意義	來源
CO_2	1.867C	單位重量垃圾／12×22.4	廢棄物中碳元素燃燒產生
SO_2	0.7S	單位重量垃圾／32×22.4	廢棄物中硫元素燃燒產生
O_2	$0.21(m-1)A_0$	單位重量垃圾焚化之過剩空氣焚化後剩餘空氣中之氧氣量	助燃空氣中未燃燒氧氣量
N_2	$0.8N + 0.79mA_0$	垃圾中N燃燒產生NO_2及助燃燃空氣中未參與燃燒反應之N_2	廢棄物中氮元素燃燒及助燃空氣之氮氣
H_2O	11.2H + 1.244W	氫燃燒及垃圾中水分蒸發	廢棄物中碳元素燃燒產生
混合廢棄	$V_w =(m - 0.21)A_0 + 1.867C + 11.2H + 0.7S + 0.8N + 1.224W \ (Nm^3/kg)$		

廢氣之組成分析：

$$V_{CO_2}(\%) = \frac{1.867C}{V_w} \ vol \ (\%) \tag{8-2}$$

$$V_{SO_2}(\%) = \frac{0.7S}{V_w} \ vol \ (\%) \tag{8-3}$$

$$V_{O_2}(\%) = \frac{0.21(m-1)A_0}{V_w} \ vol \ (\%) \tag{8-4}$$

$$V_{N_2}(\%) = \frac{0.8N + 0.79mA_0}{V_w} \ vol \ (\%) \tag{8-5}$$

$$V_{\text{H}_2\text{O}}(\%) = \frac{11.2\text{H} + 1.244\text{W}}{V_w} \text{ vol } (\%) \tag{8-6}$$

九、垃圾低位發熱量與處理能力之關係

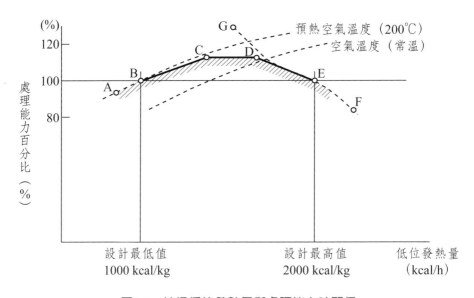

圖8-1 垃圾低位發熱量與處理能力時關係

當低位發熱量位於最低設計值（1,000 kcal/kg）時，焚化爐之處理能力為100%（B點），並以該低位發熱量作設計爐床燃燒效率，隨發熱量之提高，處理能力亦隨之上升，但為求經濟設計，需逐段降低預熱空氣溫度，故處理能力為B-C-D之傾向。

1. 焚化爐其他設備如通風機、廢氣冷卻設備及爐體之燃燒室熱負荷以設計最高發熱量（2,000 kcal/kg，E點）來設計，於E

點需保持100%之處理能力，當發熱量上升超過設計最高低位發熱量時，處理能力受通風量及廢氣冷卻能力之限制F-E-G曲線變化。

2. B-A區域表示當低位發熱量在設計最低值以下，爐床面積成為處理之瓶頸，若不降低處理能力，則無法得到相同之灼燒減量。

3. E-F區域表示當低位發熱量在設計最高值以上，爐體之熱容量及其他設施（如通風機）之設計容量成為處理能力之瓶頸。

4. 若垃圾發熱量位於設計範圍內不僅可達到100%之處理量，在B點及E點間還會產生某程度之寬裕值，至於其大小尚因個案受其他因素之影響。

十、處理能力與燃燒產生熱量之關係

1. 全量（100%）焚化高質（發熱量高）垃圾投入總發熱量之熱平衡界線。

2. 符合設計灼燒減量之最高處理能力。

3. 滿足設計焚化量及灼燒減量之最低垃圾熱值。

4. 維持安定燃燒以達成灼燒減量要求之最低輸入熱量界值。

5. 爐體所能承受之最高垃圾低位發熱量。

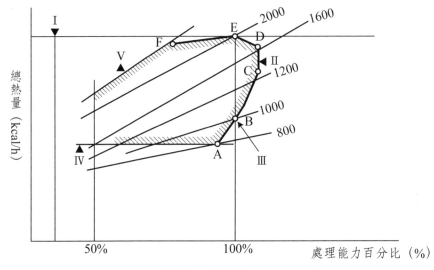

圖8-2　處理能力與燃燒產生熱量之關係

十一、焚化殘渣之灼燒減量定義、用途、分析流程及其規範要求

1. 定義：焚化殘渣灼燒減量係指將垃圾焚化後產生之垃圾焚化殘渣，置於600±25度高溫爐內加熱3小時後，殘渣減少量與加熱前重量之百分比。

2. 用途：

   (1) 作為焚化爐爐床燃燒效率指標，當焚化殘渣之灼燒減量愈小，表示焚化爐燃燒效率效率愈高。

   (2) 評估焚化處理焚化底渣後可能引起有機汙染程度。當焚化殘渣之灼燒減量愈大，表示焚化殘渣造成有機物汙染之可

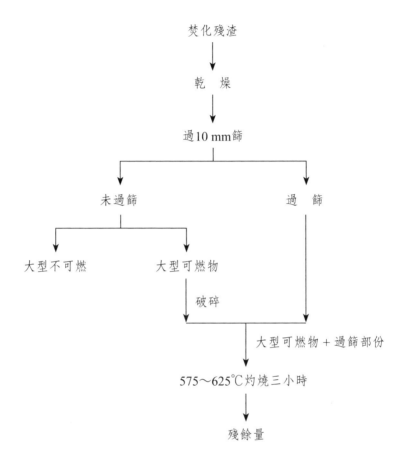

能性愈高。

3. 分析流程：係將灰渣乾燥並以10 mm篩網進行篩出大型物破碎，將大型不燃物去除，同時將大型可燃物經過破碎後與通過10 mm篩網底渣混合，以600±25度高溫爐燒3小時，計算灰渣重量減少率即為灼燒減量。

$$H = F\left(1 - \frac{G}{100}\right) = \left(1 - \frac{E}{D}\right) \times \left(1 - \frac{C}{B}\right) \times 100 \tag{8-7}$$

$$= \left(\frac{殘渣中可燃物灼燒前重量 - 殘渣中可燃物灼燒後重量}{殘渣中可燃物灼燒前重量}\right)$$

×（殘渣中可燃物之百分比）

式中　H = 燃燒底渣之灼燒減量（％）；

　　　B = 底渣乾燥後之重量；

　　　C = 從B中除去之不燃物重量；

　　　D = 送入進行灼燒試驗之重量；

　　　E = 600±25℃灼燒後之重量；

　　　F = 除去不燃物後物質之灼燒減量；

　　　G = 乾燥後不燃物所占之百分率。

4. 規範要求：依「一般廢棄物回收清處理辦法」，焚化殘渣之燃燒減量應符合下列規定：

(1) 全連續燃燒式規模在每日燃燒量達200公噸以上：5%以下。

(2) 全連續燃燒式規模在每日燃燒量達200公噸以下：7%以下。

(3) 準連續式焚化處理設施每日燃燒量40公噸至180公噸者：7%以下。

(4) 分批填料式焚化處理設施：10%以下。

十二、焚化爐爐床燃燒率之定義及其設計規範

1. 定義：焚化爐之爐床燃燒率係指正常運轉下燃燒室內每平方公尺爐床面積，每小時之垃圾焚化量。

2. 設計規範：爐床燃燒率與焚化設備之燃燒穩定性及灼燒減量之關係密切，應依爐之型式、構造、規模、燃燒方式、垃圾質、殘渣灼燒減量等審慎決定之。發熱量1,000 kcal/kg之垃圾，爐床燃燒率之一般設計值如下：

   (1) 分批燃燒式爐床燃燒率：120公斤／平方公尺／小時。

   (2) 準連續式爐床燃燒率：160公斤／平方公尺／小時。

   (3) 連續式爐床燃燒率：200公斤／平方公尺／小時。

3. 計算公式：

$$爐床燃燒率（G）= \frac{垃圾焚化量（W）}{每日運轉時間（h）\times 爐床面積（A）} \qquad (8\text{-}8)$$

4. 爐床燃燒率將因下列狀況之影響而提高：

   (1) 較佳之垃圾性質

   (2) 較高之灰渣灼燒減量

   (3) 較高之助燃空氣溫度

   (4) 較高之焚化處理容量

   (5) 較佳之焚化處理功能

十三、燃燒室熱負荷之定義及其設計規範

1. 定義：係指在正常運轉下，每立方公尺燃燒室容積，每小時垃圾及補助燃料等燃燒所產生之低位發熱量。燃燒室容積係指無垃圾之狀態而言，包括乾燥室、第一燃燒室、第二燃燒室與後燃燒室。

2. 設計規範：燃燒室熱負荷，隨燃燒室形狀、火焰充滿程度與二次空氣對爐內攪拌程度等而異，都市垃圾焚化爐燃燒室熱負荷之設計標準如下：

   (1) 分批燃燒式：$4 \times 10^4 \sim 7 \times 10^4$ (kcal/m³-hr)

   (2) 連續燃燒式：$8 \times 10^4 \sim 15 \times 10^4$ (kcal/m³-hr)

3. 計算公式：

$$Q = \frac{W \times H_\ell}{V \times h} \text{ (kcal/m}^3\text{-hr)} \tag{8-9}$$

   式中　H_ℓ = 低位發熱量（kcal/kg）；

   　　　W = 焚化處理垃圾量（kg）；

   　　　h = 燃燒時間（hr）；

   　　　V = 第一、二燃燒室總容積（m³）。

4. 對垃圾焚化效率之影響：若單位時間垃圾發熱量所對應之燃燒室容積太小，則燃燒氣體在爐內滯留時間太短，致使可燃性氣體燃燒不完全而產生黑煙，且此時熱負荷太高，爐壁易

形成燒結塊。若燃燒室容積太大,則低熱值垃圾無法維持適當燃燒溫度,會導致不穩定燃燒。

十四、燃燒室出口溫度及氣體停留時間設計規範

燃燒室出口溫度太低,垃圾中惡臭或有毒成分無法完全破壞且有衍生dioxins之疑慮;但溫度太高,則不但加速損傷爐體,且熔融之灰渣易附著於廢氣導管等單元,造成困擾,另外,溫度過高亦有產生Thermal NOx之困擾。

1. 依「垃圾焚化處理設施設置規範」,規定值如下:

   (1) 分批填料式:400至950度。

   (2) 連續式:750至950度。

   (3) 准連續式:700至950度。

2. 依「一般廢棄回收清除處理辦法」規定:焚化處理設施二次空氣注入口下游或二次燃燒室出口之燃燒氣體溫度1小時平均值不得低於850度。

3. 「事業廢棄物貯存清除處理方法及設施標準」規定:針對有害事業廢棄物之焚化處理設施燃燒氣體除要求燃燒室出口中心溫度應保持攝氏1,000度以上外,燃燒氣體之停留時間規定如下:感染性事業廢棄物在1秒以上,其他有害事業廢棄物在2秒以上。

　　燃燒氣體停流時間指燃燒室二次空氣注入口下游，燃燒溫度高於850度之完全燃燒區所提供之氣體停留時間。其計算式如下：

1. $T = \dfrac{V}{Q_{850}}$ (8-10)

　　式中　T：停留時間（sec）。

　　　　　V：燃燒室容積（立方公尺），係指二次空氣注入口下游，且燃燒溫度維持在8℃以上之區域空間。

2. $Q_{850} = \dfrac{273 + 850}{273} \times Q$ (8-11)

　　Q_{850}：燃燒氣體體積流量（立方公尺／秒），係指燃燒氣體換算成850℃時之氣體體積流量。燃燒氣體體積流量（立方公尺／秒）。係指燃燒氣體換算成850℃時之氣體體積流量。

　　Q：燃燒氣體體積流量（立方公尺／秒），係指燃燒氣體於1atm、273K（標準狀況）下未經稀釋之乾燥排氣體積流量。

十五、焚化爐通風控制

1. 使用加壓送風機（Forced Draft Fan, FDF）強制將助燃空氣自爐床下方送入燃燒室外，需設法減少燃燒氣體及助燃空氣等之外洩，並使用風門等設施調節爐內壓力及空氣流量。

2. 使用誘引通風機（Induced Draft Fan, IDF）以確保送風力並自動調整爐內壓力。若燃燒室頂部爐內壓力呈正壓狀態，則高溫燃燒氣體有從人孔與開口部噴出之虞，需特別留意並調整降低壓力。但若燃燒室頂部負壓太大，則外氣會大量侵入爐內，使爐溫下降妨礙燃燒。依「垃圾焚化處理設施設置規範」之建議，爐內正常壓力以保持在水柱−1～−3 mm水柱為原則。

十六、焚化爐公害防治機能

1. 排放廢氣不得超過固定汙染源或廢棄物焚化爐空氣汙染物排放標準中諸如粉塵、HCl、NOx、SOx、惡臭成分及戴奧辛之規定限值。

2. 垃圾貯存槽廢水、洗煙廢水、排灰廢水、洗車廢水等，亦需處理至符合水汙染防治法授權中央主管機關所規定之放流水標準。

3. 焚化殘渣、飛灰、脫水汙泥等是否含重金屬等有害物質。

4. 設施機械產生噪音、垃圾車進出廠區所引起之噪音、振動等，皆應審慎檢討。

十七、焚化設施規模之決定步驟

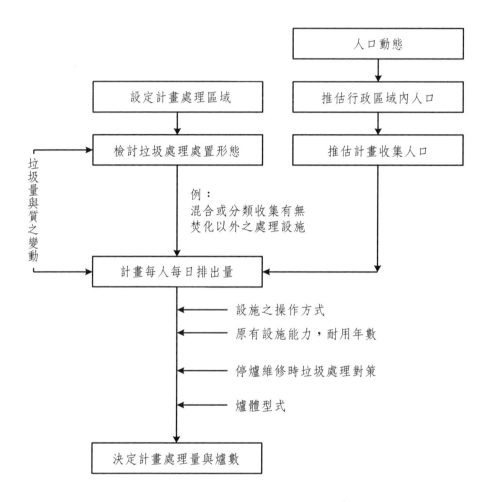

1. 計畫處理區域：不以行政轄區為限，應視該地區焚化處理需要性及交通狀況、運輸距離與處理費用之負擔等因素而定。

2. 計畫目標年：以興建完工後10年或15年為原則，應根據焚化處理設施之耐用年限、投資效益、設施規模及推估處理垃圾

量之精確度等而定。

3. 計畫目標年之年平均每日處理量（公噸／日）= [計畫目標年
   之每人每日排出量（公噸／日、人）×計畫目標年清運人口
   （人）] + 計畫直接搬入量（公噸／日）。

4. 計畫每日處理量（ton／日）：計畫目標年之年平均每日處理
   量（公噸／日）×計畫最大月變動係數。

5. 計畫最大日處理量（ton/day）：係指垃圾焚化處理設施之最
   大處理能力。

$$計畫最大日處理量 = 計畫每日處理量 \times \left(\frac{過去 N 年最大日處理量}{該年之年平均每日處理量} \right)$$

6. 計畫垃圾質：依垃圾焚化處理設施設置規範，計畫垃圾性質
   應以最近二年以上之垃圾性質決定。垃圾採樣方法與頻率應
   依據垃圾採樣分析手冊及環保署公告方法之規定辦理。垃圾
   之計畫低位發熱量係決定各項機器、設備能力與性能之基本
   條件，其最高與最低值之比宜控制於2範圍內，若超過2.5，
   則燃燒設備、通風設備、隔熱設備等之設計困難，此可由垃
   圾收集方法之安排或實施分類收集，來調勻垃圾質。

十八、月變動係數

月變動係數係選定設施計畫容量，選擇定期維修期間與能

否確保最終處置用地之基本數據,各都市需獨自建立。

1. 月變動係數 = 月平均日處理量 / 年平均日處理量

2. 計畫最大月變動係數 =(過去N年之最大月變動係數和)/ N

3. 最大月變動係數 = 該年內月變動係數最大者

4. 最小月變動係數 = 該年內月變動係數最小者

5. 計畫最大月變動係數 = 過去N年內之最大月變動係數之和

   月變動係數因都市之特質而異,一般介於0.85～1.20之範圍。

十九、設施規模之訂定方法

1. 當單爐停機維修時,將垃圾移至他處處理:

$$設施規模 = \frac{計畫平均日處理量 \times 計畫最大月變動係數}{運轉率} \quad (8\text{-}12)$$

2. 當單爐停機維修時,亦實施全量焚化:

$$設施規模 = \frac{計畫平均日處理量 \times 最小月變動係數}{運轉率} \times \frac{n}{n-1} \quad (8\text{-}13)$$

◎此處n為總爐數,而計畫月變動係數為停機整修月份之變動係數,一般操作時將盡量選擇變動係數較低之月份維修。

◎就經濟投資效益之觀點,分批填料式及准連續式焚化爐之設施規模以採行(8-12)式之原則為宜。但全連續燃燒式焚化爐之設施規模則採行(8-13)式為宜。

二十、依爐體型式區分焚化爐種類

　　若依爐體型式可分為爐條型及爐床型2大類。爐條型適合處理纖維類廢棄物（如垃圾）。

1. 爐條型焚化爐：固定爐條型焚化爐，由爐條底部供應空氣，廢棄物在爐條上進行乾燥、燃燒、後燃燒。不適用於有害廢棄物之處理，因為在第一燃燒室中之高溫可能會破壞爐條。

　(1) 機械爐床式焚化爐（mechanic-grate incinerator）：國內最常見之焚化爐。處理流程包括進料系統（傾卸、抓斗等）、燃燒系統（燃燒室）、汽電共生系統、汙染防治系統（乾式或半乾式洗煙器、濾袋式集塵器、汙水處理設備等）。

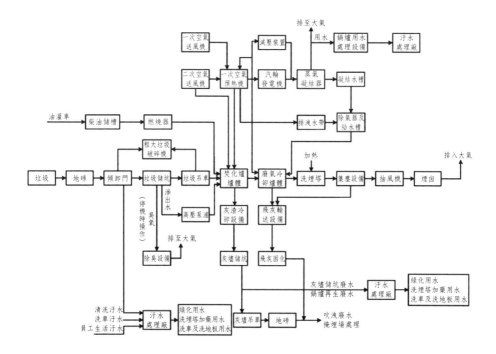

(2) 模具式燃燒爐體：爐體先於工廠內按規格製造，再運至工
地裝配。

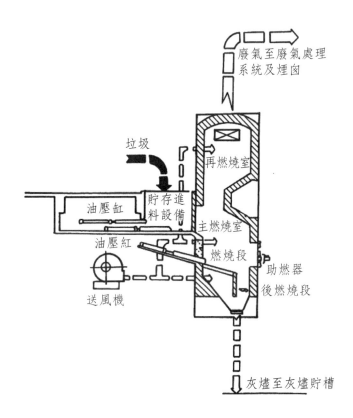

(3) 噴灑式燃燒爐體：將預經破碎或分類之垃圾以高壓空氣噴
入爐體內，並由爐底穿過爐床向上供應空氣至爐內助燃，
垃圾於下落途中，完成部分燃燒再落至履帶式爐床上後，
隨爐床移動，繼續燃燒成灰渣之裝置。

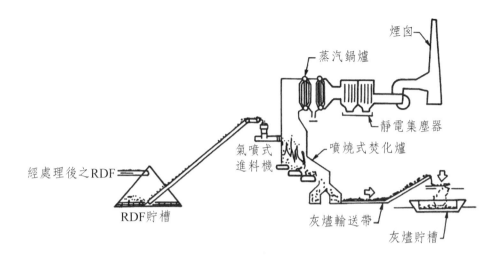

(4) 垃圾衍生燃料法（RDF）：將垃圾先經破碎，再以篩選
　　機、磁選機及風力選別機等機械設備予以分類、回收金
　　屬、玻璃等資源，無價值之物質（土砂、石子、陶瓷等）
　　送至最終處置場。可燃物則壓縮成塊狀燃料，直接於處理
　　場燃燒發電，或出售給工廠當燃料使用，此為垃圾衍生燃
　　料。

2. 爐床型焚化爐：

(1) 旋轉窯式（rotary kiln）：為水平或稍微傾斜之圓筒形爐
　　體，焚化垃圾時，爐體緩慢旋轉垃圾由上部供應，逐漸移
　　動至下部進行乾燥、燃燒、後燃燒，並排出殘渣之裝置。

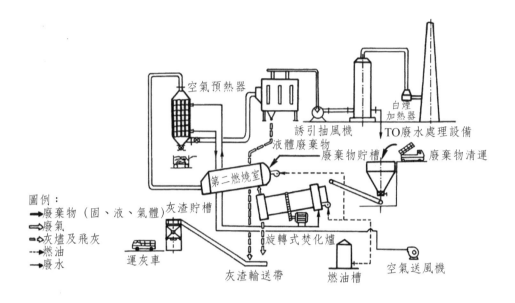

(2) 控氣式（control air、two chamber hearth）：又稱低量
空氣焚化系統，與熱解法原理相似。垃圾低於理論空氣量
之空氣，於爐體內第一燃燒室之機械爐床上燃燒，使可燃
分分解為可燃性氣體，殘渣由爐床下方排出，可燃性氣體
再送第二燃燒室，以充分空氣完全燃燒之裝置。

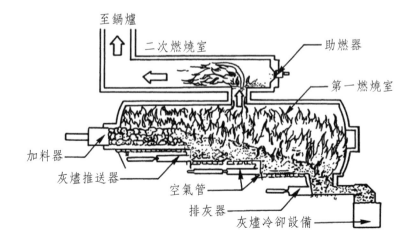

(3) 流動床式燃燒爐體：由焚化爐本體之下部，送入加壓空氣，將矽砂等媒體分散、流動藉以燃燒垃圾之裝置。

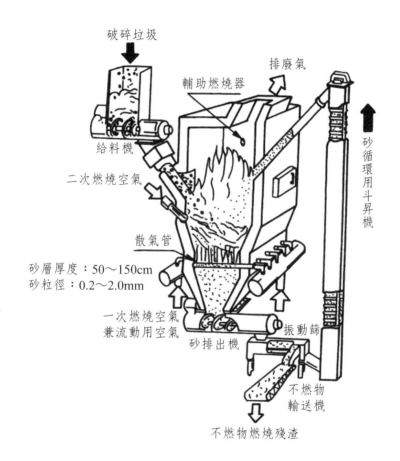

破碎垃圾

排廢氣

輔助燃燒器

給料機

砂循環用斗昇機

二次燃燒空氣

散氣管

砂層厚度：50～150cm
砂粒徑：0.2～2.0mm

一次燃燒空氣
兼流動用空氣

振動篩

砂排出機

不燃物輸送機

不燃物燃燒殘渣

(4) 液體噴注式焚化爐：為最常見之事業廢棄物焚化爐。具流動性之廢液、泥漿及汙泥皆可予以破壞。含高熱值廢液可直接由燃燒器噴注爐內直接焚化，低熱值廢液及廢水則需以輔助燃料補充熱值，以維持適當溫度之最低熱量。為獲

最佳焚化效果，可調整燃燒器噴出火焰及廢液噴出的位置及方向。

(5) 多室焚化爐（multiple hearth）：是由一豎立鋼桶構成，內有多層排列之爐床。桶內壁裡襯耐火材料，爐桶中間有一中空旋轉軸，並附有轉臂，臂下附有推送耙。當轉動時，推送耙可以攪動廢棄物，以增加接觸面積的機會，同時可將廢棄物推落至下一層爐床，依此類推。目前已逐漸應用於焦油、廢液、下水道汙泥及各種可燃性事業廢棄物，包括固體、液體和氣體廢棄物。

(6) 熱解法：指將廢棄物置於無氧或少量氧氣之狀態下，利用熱能裂解使其分解成氣體、液體或殘渣之處理方法。

◎現在國內營運中焚化廠大多為全連續式、機械爐床式、爐條型、混燒式（設計垃圾不完全分類也可正常營運）、大型焚化爐（每日處理量大於200噸）。

◎若按操作時間可分為全連續式（1天操作24小時）、準連續式（1天操作16小時）及回分式（1天操作8小時）。

法規之規定		一般稱呼
連續式焚化爐	全連續式焚化爐 （操作24hr/day）	機械爐
	準連續焚化爐 （操作16hr/day）	半機械爐
分批式焚化爐	機械分批填料式焚化處理設施	

二十一、連續式焚化爐處理設備

1. 垃圾進廠接受系統：垃圾傾卸門、粗大垃圾傾卸門、計量設備、前處理設備（如破碎機）、垃圾吊車、垃圾貯坑。

2. 焚化系統：吊車、機械斗、進料斗、燃燒爐體、爐床、點火、輔助燃燒器、補助燃料及其貯槽。

3. 灰燼處理系統：灰燼冷卻設備、灰燼輸送設備、灰燼吊車、灰燼貯坑、出灰車、磅秤。

4. 供、排氣設備：一次、二次空氣送風機、誘引抽風機。

5. 廢氣處理系統：如半乾式洗煙器及袋濾式集塵器。

6. 廢熱回收系統：廢熱鍋爐、汽輪發電機、汽輪機出口空氣冷凝機、鍋爐補充水處理設備。

7. 廢水處理系統：垃圾貯坑產生之滲出水因含高濃度有機物及臭味，一般皆採噴入燃燒室焚化之處理方式，其他如洗車、員工生活等可採用物化處理＋活性汙泥法＋三級處理之組合程序，處理至符合放流水排放標準排放。

8. 除臭設備：活性碳吸附塔及除臭劑噴灑系統。

9. 其他設備：緊急發電機、洗車設備、廢氣連續偵測設備等。

二十二、熱解法特性

指將廢棄物置於無氧或少量氧氣之狀態下，利用熱能裂解

使其分解成氣體、液體或殘渣之處理方法。熱分解之特性：

1. 殘渣量少，無重金屬溶出：熱分解殘渣在水中固化成粒狀，體積為生垃圾之3%以下，且無重金屬溶出。

2. NO發生量少，廢氣量少：熱分解於還原狀態下進行，所需空氣量與理論空氣量相當，所以NO極少產生，排廢氣量也很少。

3. 垃圾可與塑膠、汙泥等混合處理。

4. 爐體構造簡單，操作容易。

5. 可適應垃圾質之變化，穩定操作。

6. 垃圾中之能源，可做有效回收利用。

二十三、焚化爐爐體型式

依垃圾運動方向與助燃空氣流向之關係可分為對流式、並流式、複流式及交流式等。

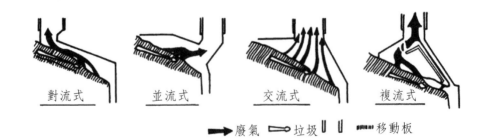

1. 對流式（Counterflow System）：垃圾與空氣流動方向相

反。對於質差、含水分多之垃圾，因其不易燃燒，為提高垃圾及燃燒瓦斯之接觸時間，促進垃圾之乾燥常使用此方式。

2. 並流式（Uniflow System）：垃圾與空氣流向相同之方式，常用於處理性質較佳垃圾。

3. 複流式（Double Flow System）：垃圾與空氣流向互相垂直。

4. 交流式（Transverse Flow System）：為前述三者之綜合，對於垃圾性質變化大者可靈活應用。

二十四、焚化溫度之控制

1. 燃燒室溫度：控制於850～1,050度，利用高溫將廢棄物轉換成安定之氣體或物質，溫度太低採添加輔助燃料因應。溫度太高時灰分熔融阻塞爐床，可藉增加助燃空氣量、減少垃圾投入量或噴水等方法降溫。

2. 爐之出口溫度：全連續式及準連續式焚化爐應在800度以上；分批填料式焚化爐應在400度以上，溫度未達700度時，需另行設置防止惡臭之設施。

3. 空氣汙染防制設備之入口溫度：廢氣進入汙染防治設備前必須使溫度降至240～280度，避免高溫腐蝕或傷害設備，一般以鍋爐進行廢氣之降溫。因廢氣溫度溫度在250～350度為戴奧辛最易生成之範圍，因此在焚化爐戴奧辛管制標準中規定

在空氣汙染防制設備入口處之溫度需低於200度。

5. 煙囪排煙溫度：廢氣經濕式洗滌後溫度約降至70度。因在70度以下時，廢氣中之水蒸氣會變成細小水滴，導致產生白煙，引起居民誤解、抗議。新一代焚化爐廢氣處理流程多已改為（半）乾式洗煙配合濾袋式集塵以避免產生白煙問題。

二十五、焚化爐二次汙染之控制

焚化爐處理的是成分複雜的垃圾，垃圾中原有有害物質，在高溫氧化過程亦有可能衍生出其他有害物質，因此二次汙染控制非常重要。一般將垃圾焚化處理可能引起之二次汙染問題分為空氣汙染、廢水、噪音及震動、灰渣、其他（如重金屬、戴奧辛）等項。

1. 空氣汙染

(1) 廠內臭氣：

① 垃圾車：採用密閉式，廠內設洗車設備。

② 垃圾貯存坑：採用密閉式，自貯存坑抽取燃燒用氣體使維持負壓，適時噴灑除臭劑。

③ 焚化爐：連續操作，保持標準以上之高溫，使完全氧化分解臭氣成分。

④ 出灰設備：採用乾式空氣輸送，出灰室減壓、覆蓋、

使用密閉式運灰車。

⑤ 排煙設施：除塵洗煙，並增加煙囪高度，提升擴散效果。

(2) 煙道排放之廢氣：

① 粒狀汙染物：垃圾燃燒後所產生之飛灰、未燃碳粒及金屬氧化物。焚化1 kg垃圾約排出10～20 g之粒狀汙染物，廢氣煙塵濃度約2～4 g/Nm³。

② 一氧化碳：碳元素在不完全燃燒之情形下會產生一氧化碳。控制適當之供氣量、燃燒溫度與時間，可避免不完全燃燒現象，混燒式焚化爐一般在150 ppm以下。

③ 氯化氫：垃圾中含有有機氯化合物如聚氯乙烯或無機氯燃燒時會轉換成氯化氫。濃度約400～1,000 ppm。

④ 硫氧化物：垃圾中含硫率約為0.1%，屬低硫成分燃料，垃圾焚化廢氣中之濃度約為200 ppm以下。

⑤ 氮氧化物：垃圾燃燒產生廢氣中之氮氧化物（NO與NO₂合稱NOx）之來源有三。Thermal NOx，空氣中之氮和氧在高溫下結合，但在垃圾焚化溫度下，其產量甚微。Fuel NOx，垃圾中之氮成分在高溫下氧化成氮氧化物。空氣中之氮和碳氫基反應生成一氧化氮。

⑥ 氟化物：垃圾中含氟量甚低，燃燒廢氣中氟化氫濃度在10 ppm以下。

⑦ 重金屬：垃圾中重金屬含量不高，但焚化過程中會使部分重屬金屬揮發至氣相中並冷凝或吸附於飛灰表面，導致飛灰中所含重金屬經毒性特性溶出程序後之溶出濃度可能超過有害事業廢棄物認定標準之相關規定濃度。

⑧ 戴奧辛：來源及形成過程尚未十分明朗，垃圾中含有PVC、PCB等時可能因燃燒溫度不夠，停留時間不足或其前驅物再合成作用而形成戴奧辛，但含量甚微，約在10^{-8}～10^{-9} g/Nm^3。

(3) 處理技術：

① 粒狀汙染物：離心式集塵器、濕式洗煙塔、濾袋式集塵器及靜電集塵氣（ESP）。現國內大多採濾袋式集塵器。

② 氯化氫處理技術：可分為濕式、乾式與半乾式三種洗煙方式。HCl、SO_2等有害氣體，國內現大多採乾式或半乾式。

2. 廢水

(1) 廢水來源與特性：

① 垃圾貯坑垃圾滲出水。

② 焚化廠作業員工生活汙水。

③ 清洗垃圾傾卸台產生之廢水。

④ 垃圾車洗車廢水。

⑤ 灰燼貯存坑廢水及灰燼冷卻廢水。

⑥ 鍋爐排水。

⑦ 空物汙染物防治設備之洗煙廢水。

⑧ 廠內其他排放雜用水。

(2) 廢水處理：依據放流水標準之規定，廢棄物處理廠（場）之放流水除應符合共同管制項目之標準外，亦應不得超過事業別管制項目化學需氧量（100 mg/L）及懸浮微粒（30 mg/L）之限值。

① 垃圾貯存坑廢水屬有機廢水，可噴入爐內蒸發焚化或送外界汙水處理廠處理之。

② 灰燼、洗煙、鍋爐等無機性廢水，以去除重金屬為主，可採混凝沉澱等方法，經處理後排放。

③ 大部分焚化廠已可將全廠區廢水處理回收進行再利用，達到零排放之目標。

3. 噪音汙染（與震動）

(1) 垃圾與灰燼之吊車：設於密閉室中，軌道鋪設防震橡膠。

(2) 強制通風機、誘引通風機、空氣壓縮機、油壓設施：置於隔音室內並使用吸音材料、防震門、空氣壓縮機設消音器。

(3) 泵浦、變壓器等：置於室內，藉廠房阻止噪音逸散。

(4) 汽輪發電機：置於防震、吸音設備之室內，並設排氣消音

裝置。

(5) 靜電集塵器、空氣凝結器：置於隔音圍牆之內。

(6) 安全閥、管道：設消音器。

(7) 垃圾車：調整清運車輛進廠時段，避免造成短時間內之過大交道流量並採用大型車輛以減少車次；此外，垃圾車定期保養亦有助於減少噪音量。而規劃避開民眾聚集住宅區之垃圾車進廠專用道，亦可降低對焚化廠周遭居民生活之干擾。

二十六、焚化灰渣種類及性質

焚化後產生之灰渣，包括底灰、飛灰及反應灰3種。

1. 底灰（bottom ash）：除含有較大型之鐵鋁容器鐵線鐵棒，其餘為淬火後之多孔性部規則物質多為SiO_2及Al_2O_3，另在重金屬方面銅、鋅、鉛含量較高，因性質單純進行TCLP試驗時絕大部分可符合環保標準。

2. 飛灰（fly ash）：除灰渣所含之成分外，尚有Hg、Cd、Pb等重金屬物質。由於其中多含有害物質，故需妥善處理。

3. 反應灰（RP灰）：半乾式或乾式洗煙噴入之石灰（乳）與酸性氣體（含部分重金屬）之作用後之生成物。

二十七、垃圾焚化灰渣處理處置技術

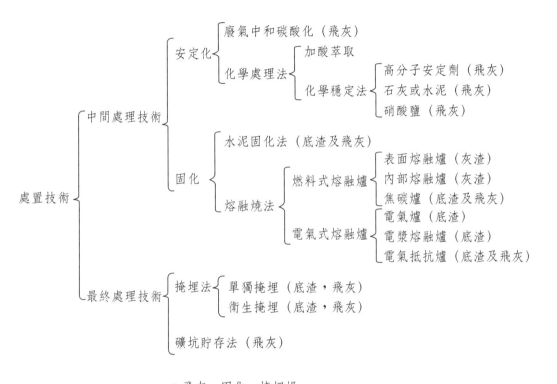

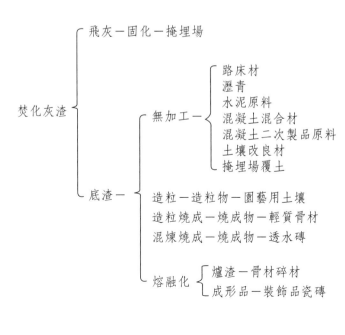

二十八、燒結、熔融及篩分技術之差異

處理技術	優點	缺點
燒結	1. 再利用產品，可用機會高。 2. 減容率高（1/2～2/.5）。 3. 抗壓強度高（250kg/cm² 以上）。	1. 備料及鍛燒流程較複雜，且批次操作，占用空間大。 2. 鍛製過程中部分重金屬揮發，應補集處理。 3. 成品市場不穩定。 4. 處理費用高（13,000元／公噸灰渣）。
熔融	1. 減容率高（1/1.6～1/2）。 2. 高溫直接熔融，不需添加其他物質。 3. 抗壓強度達250kg/cm²，適合再利用。	1. 熔融過程中部分重金屬揮發，應補集處理。 2. 成品市場不穩定。 3. 處理費用高（10,000～15,000元／公噸灰渣）。 4. 技術等級要求較高。
篩分	1. 設備簡單，處理費用低。 2. 篩除可能含有重金屬濃度較高之細粒物質。 3. 按粒徑篩分，提供品質較佳之道路基材或填地級配。	1. 篩分後灰渣需分別貯存，貯坑占地較大。 2. 市場及用途不穩定。 3. 若作為混凝土製品，其外觀及品質不佳。

二十九、垃圾焚化廠產出焚化底渣再利用之相關規定

再利用種類	再利用管理方式
垃圾焚化廠焚化底渣	一、一般廢棄物來源，執行機關所屬之公有公營垃圾焚化廠、公有民營垃圾焚化廠焚化廢棄物後所產生之底渣。

再利用種類	再利用管理方式
	二、再利用條件：底渣再利用前需先經篩分、破碎或篩選等前處理，並視再利用產品分類用途需要，採穩定化、熟化或水洗等後續前處理；底渣經前處理後於再利用前之毒性特性溶出程序（TCLP）及戴奧辛總毒性當量濃度檢測值應低於有害事業廢棄物認定標準；若超過標準時，應依一般廢棄物回收清除處理辦法第二十七條規定辦理。 三、再利用機構：政府機關或合法登記有案之工商廠（場）；其取得公民營廢棄物清理、處理許可證者，執行機關得依廢棄物清理法第十四條第二巷前段規定報經上級主管機關核准後依據以辦理；未取得公民營廢棄物清理、處理許可證者，執行機關應依同法第十四條第二項後段規定依報經中央主管機關核准之方式據以辦理。 四、再利用產品分類及檢測： 底渣經前處理後之再利用產品，分為第一類型、第二類型、第三類型，各類型品質標準如下表規定。 再利用產品於再利用前，再利用機構依各類型品質標準規定項目，應至少每五百公頓進行檢測一次。

品質標準＼類型		第一類型	第二類型	第三類型
毒性特性溶出程序	總鉛（毫克／公升）	≤ 5.0		
	總鎘（毫克／公升）	≤ 1.0		
	總鉻（毫克／公升）	≤ 5.0		
	總硒（毫克／公升）	≤ 1.0		
	總銅（毫克／公升）	≤ 15.0		
	總鋇（毫克／公升）	≤ 100.0		
	六價鉻（毫克／公升）	≤ 0.25	≤ 0.25	≤ 2.5
	總砷（毫克／公升）	≤ 0.50	≤ 0.50	≤ 5.0
	總汞（毫克／公升）	≤ 0.02	≤ 0.02	≤ 0.2

再利用種類	再利用管理方式			

品質標準 ＼ 類型	第一類型	第二類型	第三類型
水溶性氯離子含量（%） 備註：以CNS 13407細粒料中水溶性氯離子含量試驗法檢測	≦ 0.024		
戴奧辛總毒性當量濃度（ng I-TEQ/g） 備註：指含2,3,7,8 - 氯化戴奧辛及呋喃銅源物等17種化合物之總毒性當量濃度	≦ 0.01	≦ 0.1	≦ 1.0

五、再利用用述：

(一) 第一類型：作為級配粒料基層、基地及路堤填築、控制性低強度回填材料、混凝土添加料、瀝青混凝土添加料、磚品添加料及其他用途。

(二) 第二類型：作為級配粒料基層、基地及路堤填築、控制性低強度回填材料、無筋混凝土添加料、瀝青混凝土添加料及磚品添加料。

(三) 第三類型：僅得作為基地及路堤填築，且每一再利用場所之使用量應在一萬公噸以上，使用前應先檢具底渣再利用產品之隔絕、控制及監測計畫，報經中央主管機關核准後始得辦理。

六、再利用產品得按行政院公共工程委員會公共工程施工綱要規範之相關規定，作為公共工程使用。

七、再利用產品之施工及使用應符合下列規定：

(一) 施工期間應符合之規定：

1. 於施工區域應經常灑水，減少揚塵。

2. 施工人員需著適當防護裝備。

3. 禁止非施工人員任意進出施工區域。

再利用種類	再利用管理方式
	(二) 使用地點應符合之規定： 　　1. 與飲水源集水井距離需在二十公尺以上。 　　2. 需高於使用時現場地下水位一公尺以上。 八、再利用前貯存清除應符合一般廢棄物回收清除處理辦法之規定，貯存場所應設有排水收集處理設施；再利用產品之貯存及清運，應符合中央目的事業主管機關相關法規規定。 九、再利用後之剩餘廢棄物應依廢棄物清理法相關法規規定辦理。 十、再利用產品之紀錄、申報規定： 　(一) 再利用機構應按季將再利用底渣之來源、數量、採樣檢測、再利用用途等紀錄及剩餘廢棄物處置證明文件，報底渣產生及再利用所在地之地方主管機關備查，並自行妥善保存該等紀錄文件三年供查核。 　(二) 屬第二、三類型之再利用產品，再利用機構應於完成每批再利用後十五日內，填具焚化底渣妥善再利用證明文件及剩餘廢棄物處置證明文件等，報底渣產生及再利用所在地之地方主管機關備查，並應依一般廢棄物回收清除處理辦法第二十七條之一規定，以網路傳輸方式上網申報，焚化底渣妥善再利用証明文件格式，應符合規定。 十一、再利用用途之產品應符合國家標準、國際標準或該產品之相關使用規定。 十二、再利用機構應實施品質管制系統，主管機關應實施品質保證系統、品質查核系統，實施方式應符合規定。 十三、依據「鼓勵公有民營機構興建營運垃圾焚化廠推動方案」興建營運之垃圾焚化廠焚化廢棄物後所產生之底渣，準用本管理方式相關規定。 十四、本管理方式十、(二) 網路傳輸方式上網申報及管理方式十二實施之品質管制、品質保證及品質查核系統等相關規定，自九十七年一月一日起實施。

◎底渣再利用方式：再利用前需先經篩分、破碎、篩選等前處理，並視再利用產品分類用途需要，採穩定法、熟化或水洗等後續前處理。

◎再利用用途：分成三種類型，分級作為級配粒料基層、基地及路堤填築等。

◎99年，19座大型焚化廠底渣產量達99萬公噸，再利用量達60萬公噸（再利用率達60%）。

三十、焚化廠可能排出之重金屬汙染及其防治措施

1. 重金屬防制：採袋濾式集塵器可控制排放廢氣中重金屬濃度符合排放標準，集塵灰（飛灰）則採固化處理。

2. 重金屬流布：

   (1) 垃圾中存在之重金屬，經焚化爐之二次熔煉，由於物種的不同，物理化學的轉變，可增加其於焚化程序中之動態行為，藉由微粒物質的形成，而產生顆粒上重金屬的濃縮現象。

   (2) 焚化溫度、垃圾特性、供氣量、滯留時間、焚化效率、廢氣冷卻速率及氣流擾動程度等參數，將影響垃圾焚化廠中重金屬濃度分布及灰分結構。

   (3) 都市垃圾焚化廠中重金屬（鉛、鋅、鉻、錳及砷）在焚化

廠經由蒸發、冷凝、成核等作用大量分布於固相中，而汞則因揮發性高以及沸點較低，於燃燒過程中主要以蒸氣形態存在。

三十一、焚化廠可能排出之戴奧辛汙染及其防治措施

1. 戴奧辛種類

(1) 75種多氯二聯苯戴奧辛（Polychlorinated dibenzo-p-dioxins，簡稱PCDDs）。

(2) 135種多氯二聯苯呋喃（Polychlorinated dibenzofurans，簡稱PCDFs）。

(3) 12種共平面多氯聯苯（Partially Coplanar Polychlorinated Biphenyls）。

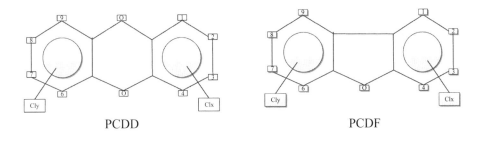

PCDD   PCDF

2. 戴奧辛的計量單位

(1) 當量表示方法：

① 空氣中，用ng-TEQ/Nm^3

② 土壤中，用pg-TEQ/Nm^3

(2) 重量表示方法：

① pg/g：每克環境介質中含多少皮克戴奧辛的量

② ppt：指兆分之一的戴奧辛含量

③ ppb：指十億分之一的戴奧辛含量

④ pg/kg-bw：指成人每公斤體重含多少皮克戴奧辛的量

3. 戴奧辛類特性

(1) 化學性質：強安定性、結構穩定、不具活性，很難發生化學反應。很難溶於水，但是卻很容易附著於土壤。

(2) 安定性強：戴奧辛在平常狀態下是非常穩定的。在熱、酸、鹼中也是非常穩定的。很難溶於水、揮發性非常低。暴露在異辛烷及紫外光時才會改變其化學性質。

(3) 物理性質：不易熱解（需大於700度，才會被熱解）、不易光解。

(4) 生物性質：不易被微生物分解、不易被代謝、半衰期長、具生物累積與放大性質。生物濃縮性高，很容易透過食物鏈轉移到人體。

4. 戴奧辛在環境中的流向

(1) 戴奧辛於環境中的流向十分複雜，有多種途徑的來源、流動、貯留及沉積現象。

(2) 可經由空氣媒介傳送戴奧辛蒸氣或含戴奧辛的懸浮微粒，經由水體傳送受戴奧辛汙染的水中懸浮物，在土壤中經由風力及水的侵蝕而移動，經由生物營養交換或由其他商業汙染行為傳遞。

(3) 戴奧辛暫時貯留的地點，有土壤、底泥及含戴奧辛的物質，隨後進入環境中循環或沉積在未被翻攪過的土壤及底泥。

5. 焚化系統中戴奧辛之生成機制

(1) 爐外低溫再合成（250～400度）：De Novo合成反應。從飛灰上所含的巨碳分子（殘留碳）及有機氯或無機氯的混合基質，在低溫時反應生成。

(2) 前驅物異相催化反應：經由不完全燃燒存在於氣相中的有機前驅物質，如氯酚、氯苯等，藉著與飛灰表面的結合及催化反應而產生。

6. 減少焚化系統中戴奧辛的排放

(1) 減少爐內形成：

① 燃燒完全：爐體設計必須混合均勻、燃燒溫度在

900度、停留時間在1.5秒以上，戴奧辛將被完全摧毀，CO濃度最常被用於評估燃燒是否完全（應<30 ppm）。對於可能生成戴奧辛的前驅物質，如氯苯、氯酚及其氯化物，都必須完全破壞。

② 鍋爐操作：飛灰可提供生成戴奧辛所需之：A.催化金屬，B.碳源及C.活化位置，因此經常清理鍋爐中沉積的飛灰，可避免飛灰表面形成戴奧辛。

(2) 避免爐外低溫再合成：

① 淬冷設計：利用絕熱淬冷室在少於一秒的時間內將鍋爐排氣由450度驟冷至150度以下，使戴奧辛生成量減至最少。

② APCD之操作溫度：集塵設備（如靜電集塵器）中沉積的大量飛灰，可提供戴奧辛再合成反應（De Novo）所需之碳源、金屬催化劑及活化位置。若溫度控制不當（大於200度以上），則戴奧辛會大量生成。

③ 注入抑制劑或吸附劑：毒化促使戴奧辛生成的催化物質，亦可與HCl反應而降低生成戴奧辛所需之氯源。

(3) 去除已生成之戴奧辛。

7. 硫份對戴奧辛生成之抑制機制

(1) 硫份將主要的氯化劑（Cl_2）轉換成HCl後，可抑制芳香族取代反應的發生，進而抑制戴奧辛前驅物的生成。

(2) 硫份（CS_2或SO_2）與迪亞康反應中主要的催化角色Cu反

應，使其轉化為$CuSO_4$，因而降低催化活性（小於400度的環境下）。

◎TEQ（Toxicity Equivalency Quantity of 2,3,7,8-tetrachlorinated dibenzo-p-dioxin）：毒性當量，國際上以I-TEQ表示。

◎I-TEF（International Toxicity Equivalency Factor）：國際毒性當量因子，即計算戴奧辛濃度的毒性權重。

◎I-TEQ：包括7種戴奧辛及10種呋喃，多用於環境汙染當量計算。

◎WHO-TEQ：包括7種戴奧辛、10種呋喃及12種共平面多氯聯苯，多用於生物方面之當量計算。

◎環保署發布廢棄物焚化爐戴奧辛管制及排放標準為0.1 TEQ/Nm^3。

三十二、生質能源最終利用型態及篩選

　　101年4月「垃圾處理政策」環評中通過「垃圾焚化廠轉型為生質能源中心」及「垃圾掩埋場挖除再生活化」2項重大垃圾處理政策。生質能源最終利用型態，一般可分為發電、區域熱能利用、氣體燃料、液體燃料及固體燃料等類型。

1. 能源面：轉型後生質能源中心之EROI大於既有垃圾焚化廠。

2. 減碳面：轉型後生質能源中心之排碳量小於既有垃圾焚化廠。

3. 環境面：轉型後生質能源中心之各類潛在汙染物排放總小於既有垃圾焚化廠。

4. 財務面：轉型後生質能源中心之攤提建設成本與操作維護成本總和低於既有垃圾焚化廠。

　　生質能源中心，將於未來焚化廠屆齡除役時替代焚化處理，分離垃圾中之塑膠、生質物與資源物產製生質煤提供電廠替代燃煤使用，有效提升資源回收率與能源利用效率，逐步達成垃圾「零廢棄」之終極目標。

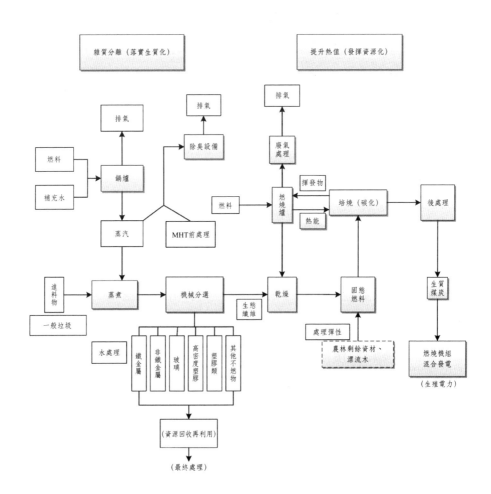

◎生質能源中心產出「生質煤炭」,可與燃煤機組共燃,替代作為國內火力電廠或燃煤汽電共生部分燃煤使用,減少進口燃煤,以最低成本發揮最大節能減碳效益。

◎生質能源中心處理採區域合作模式,既有垃圾焚化廠優先列為區域生質能源中心候選場址。

考古題

1. 試說明垃圾焚化廠中之主要操作績效指標(五項),其合理之「Benchmark」為何?如何訂定?(94年地特三等、98年普考)

2. 何謂焚化三T原理,在垃圾焚化處理工程上所代表的意義為何?(94年高考、97年地特四等)

3. 試描述氣泡式流體化床焚化爐之操作原理及操作限制。(97年高考、98年地特三等)

4. 利用焚化爐處理有機事業廢棄物,試詳細說明評估焚化爐效率之二種指標。(97年普考、99年高考)

5. 試述垃圾焚化處理設施確保完全燃燒之要件,並說明燃燒操作管理之主要事項。(97年技師高考、99年高考)

6. 臺灣地區廢棄物焚化爐底渣之化學組成分為何?請分別說明目前底渣再利用之產品用途?該產品所需符合之相關規定。(96年薦任升官、100年地特三等)

7. 試說明廢塑膠七種分類之類別名稱,其中哪些類別於焚化過程可能產生危害汙染物?又於焚化系統中應如何避免該類汙染物之產生?對於焚化產生之該類汙染物可用哪些方法控制?試分別詳細說明之。(95年技師高考、100年普考、101年普考)

8. 試說明爐床燃燒率及燃燒室熱負荷之定義,以及其在焚化爐設計及操作運轉上之重要性。(96年高考、99年技師高考、101年高考二級)

9. 請說明一般廢棄物焚化廠中戴奧辛之產生機制為何,應如何由管理操作面來消減戴奧辛之產生量?(95年高考、96年地特四等、97年身特四等、98年原民三等、100年薦任升官等、101年高考)

10. (94年高考、102年地特四等)

   (1) 何謂廢棄物之高位發熱值與低位發熱值?

   (2) 以熱卡計量測之原始熱值是高位發熱值或低位發熱值?

   (3) 焚化爐設計時(如計算爐體蓄熱量)應以高位發熱值或低位發熱值計較合理?請說明之。

11. 試說明焚化爐飛灰及底灰之物理化學特性?並說明其如何處理與處置?(102年普考、103年普考)

12. 廢棄物的焚化處理過程,必須達到良好的燃燒效率及破壞去除率,此兩個項目大致受限於所謂的3T和氧氣,請分別說明燃燒效率以及破壞去除率的定義,並說明3T及氧氣量是如何

影響燃燒效果。（102年地特四等、103年地特四等）

13. 若要推動焚化飛灰和底渣的資源化及再利用，應考慮哪些因素？如何建立資源化及再利用的管理規範？（96年地特四等、100年普考、103年技師高考）

14. 請說明焚化底渣「灼燒減量」之定義與代表意義。（94年高考、102年地特四等、104年普考）

15. 試述垃圾焚化處理設施規劃設計所需基本資料，並說明如何研訂該基本資料。（94年地特三等）

16. 試申論我國垃圾焚化處理「可能」造成煙氣中戴奧辛排放之可行減量或防治方法。（94年普考）

17. 試述都市垃圾焚化灰渣之特性，並說明焚化灰渣可否作為工程填方材料，如何評估？（94年技師高考）

18. 如何利用熱量計分析垃圾樣品的發熱量？求得之高位發熱量為何需扣除水的凝結熱以求得低位發熱量？（94年技師高考）

19. 某都市垃圾質與量調查推估結果如下：

    (1) 計畫目標年平均日處理量：900 ton/day

    (2) 計畫月變動係數1.18、1.15、1.12、1.10、1.02、1.00、1.00、0.99、0.98、0.96、0.91、0.88

    (3) 垃圾低位發熱量：低質—1,000 kcal/kg

    (4) 基準質—1,600 kcal/kg

    (5) 高質—2,100 kcal/kg（註：未提供之必要數據，請依工程

實務設定。）

若採連續式機械爐床構造，當單一爐停機維修時，亦實施全量焚化，(1)試求所需焚化設施規模、爐數及各爐處理能（公噸／日）。(2)試求每爐所需燃燒室體積（m³）及爐床面積（m²）。（94年技師高考）

20. 依國內統計資料顯示，一般廢棄物焚化廠產生之灰渣量占廢棄物總量之15%至25%，請分析其間差異之原因，並請提出如何減少灰渣產生量之方案。（95年普考）

21. 國內都市廢棄物焚化廠原設計是處理一般家戶廢棄物，如果要改以處理一般事業廢棄物（假設一般家戶廢棄物占50%，一般事業廢棄物占50%），請問應如何提升管理面，俾不致有操作與環境安全之疑慮？（95年高考）

22. 試述垃圾焚化灰渣中有害重金屬之分布特性、可能來源，如何減少其含率。（96年普考）

23. 國內執行廢棄物分類回收的成效頗佳，試說明將「廚餘」與「塑膠類」回收後對焚化廠操作（含廢氣排放）的影響為何？（96年高考）

24. 請規劃設計一旋轉窯焚化爐（含汙染防治設施），以解決日產量為100公噸的廢棄物（60%固體、15%汙泥、25%廢溶劑）。（其它所需條件請自行合理假設）（96年技師高考）

25. 機械爐床式焚化爐有何優缺點？廢棄物焚化處理可能產生之空氣汙染物有哪些？其控制方法為何？（96年地特四等）

26. 某廢棄物樣品經分析後知：水分、灰分及可燃分分別占52、15 及33%，且可燃分中C、H、O、N、S、Cl濕基百分比分別為18、2.2、11.4、0.8、0.4、0.2%，請計算焚化處理所需之理論空氣量（以kg空氣／kg廢棄物表示）。設空氣中N_2與O_2莫耳比為0.79：0.21，C、H、O、N、S、Cl 原子量分別為12、1、16、14、32、35.5。（96年地特三等）

27. 請繪圖說明都市垃圾焚化爐之處理流程（含最佳可行控制技術之空氣汙染控制設備）。（98年普考）

28. 取一含水率20%之焚化殘渣5 kg，經乾燥後，用10 mm篩篩分，大於10 mm之大型不燃物有2000 g，大於10 mm之大型可燃物為500 g，將此一大型可燃物粉碎後與過篩部分混合，取樣250 g作灼燒減量分析，得灰分230 g重，求焚化殘渣之灼燒減量。（98年薦任升官等）

29. 請就下列廢棄物焚化處理設施之設計步驟要項，說明其各項應考量之內容：（98年技師高考）

    (1) 了解廢棄物組成

    (2) 計算燃燒空氣量

    (3) 決定爐室容積

30. 試就廢棄物焚化處理法說明燃燒用空氣溫度與低位發熱量之關係。（99年高考）

31. 有一都市廢棄物組成為：水分＝65％，灰分＝12％，C＝11.7％，H＝1.81％，O＝8.76％，N＝0.3％，Cl＝0.31％，

S=0.03%，假設空氣比m=2，試求燃燒時所需之：（99年技師高考）

(1) 理論空氣量（Nm^3/kg）

(2) 燃燒氣體量（Nm^3/kg）

(3) 排氣組成（%或ppm）

32. 取含水率25%之垃圾焚化爐渣1 kg，先經乾燥後，再經10 mm孔徑篩網篩分後，小於10 mm可過篩部分共計350 g，大於10 mm不可過篩物質中，可燃物占50 g。將大於10 mm可燃物粉碎後與小於10 mm過篩爐渣混合，取50 g進行灼燒減量分析，最後得到灰分45 g，試計算焚化爐渣之灼燒減量。（100年地特四等）

33. 試述一般廢棄物進行焚化處理過程，主要溫度控制之部分其溫度控制範圍及控制目的為何。（100年薦任升官等）

34. 某焚化廠每天處理垃圾1,000噸，垃圾成分如下表所示，過剩空氣（Excess air）80%，試求廢氣產生量（Nm^3/day）；如燃燒室溫度1,000℃，氣體停留時間1.0秒，試求燃燒室需要之容積。（100年高考）

濕基組成	C	H	Cl	N	S	水分	灰分
%	24.5	6.5	1.2	1.1	1.3	45.0	10.2

35. 焚化爐之設計與操作過程須注意其「燃燒室熱負荷」，試列出其計算公式，並說明公式中各項之意義。於焚化操作過

程中，有哪些參數無法調控？哪些可以調控？如何調控？
（101年地特三等）

36. 假設某有害廢棄物代表性樣品之組成可以$C_8H_8OCl_2$表示，在未添加輔助燃料情況下，擬採焚化方式處理該廢棄物。試針對下列問題作答：（101年技師高考）

    (1) 若欲焚化該廢棄物103 kg，則所需之「理論氧氣量」總共為多少kg？（原子量：C=12、O=16、H=1、Cl=35.5、N=14）

    (2) 若燃燒空氣之體積組成調整為22% O_2 + 78% N_2，則所需之「理論空氣量」總共為多少kg？

37. 請以流程圖簡要說明垃圾焚化處理程序及主要汙染防治設備。（101年身特四等）

38. 比較「模組式焚化爐（Modular type incinerator）」與「控氣式焚化爐（Controlled air incinerator）」之差別與特性。（101年地特四等）

39. 試列舉五項「焚化法」之優點並詳細說明之。（101年技師高考）

40. 垃圾焚化處理後產生之戴奧辛，大部分會殘留在飛灰中，試就工程觀點，說明此含有戴奧辛飛灰之適合處理技術與方法。（102年地特三等）

41. 某都市計畫目標年之年每日平均垃圾處理量為720 ton/day，其高質、基準質與低質垃圾之低位發熱量分別為1,800、

1,500與1,000 kcal/kg，若設置二座機械式焚化爐連續處理，單爐停機維修時可將垃圾移至他處處理，試規劃設計下列各項（未提供之基本資料或參數，請自行做合理設定）：（102年技師高考）

(1) 計畫最大日焚化處理量（公噸／日）及垃圾貯存坑所需容積（m^3）。

(2) 各座焚化爐燃燒室所需容積（m^3／爐）及爐床所需面積（m^2／爐）。

42. 廢棄物的質與量為焚化處理設施之基本資料，試說明計畫廢棄物質及計畫廢棄物處理量，應包括哪些項目以及如何求得。（102年高考）

43. 說明靜電集塵器（Electrostatic Precipitator, ESP）的集塵原理；影響其集塵量的因素為何？ESP集塵的優缺點有哪些？（102年薦任升官等）

44. 試分別說明確保一般廢棄物堆肥法及焚化法處理效率之重要因素。（102年普考）

45. 請你以流程圖示及文字詳述一個典型（完整）之固體廢棄物焚化處理系統，請依序指出各個處理單元，包含汙染防治單元。（103年地特四等）

46. 垃圾衍生燃料（RDF）常見者有d-RDF與f-RDF，說明其製作方法與優點。兩者於再利用過程應如何注意其二次汙染？（103年普考）

47. 繪圖說明單塔式氣化系統之原理、方法與特性。（103年高考）

48. 說明焚化灰渣之灼燒減量檢測之方法與步驟，並說明焚化灰渣之含水分與灼燒減量如何計算。（104年薦任升官等）

49. 一般廢棄物焚化後底渣灼燒減量之測定結果，常作為焚化廠燃燒狀況良好與否的參考指標之一。試回答下列問題：（104年高考）

    (1) 請說明焚化底渣採樣作業之規劃與品質管制應注意之事項。

    (2) 請說明焚化底渣灼燒減量之測定方法與步驟、干擾因子及品質管制應注意之事項。

    (3) 某焚化廠底渣之含水量為20%，今取底渣1 kg，經乾燥後進行篩分處理，大於10 mm之大型不可燃物有400 g，大於10 mm之大型可燃物有100 g，將此大型可燃物破碎後與過篩部分混合，取樣250 g進行灼燒減量試驗，得灰分重240 g，試求該焚化底渣之灼燒減量。

50. 廢棄物焚化程序會產生飛灰（fly ash）和底灰（bottom ash），而飛灰被判定為有害事業廢棄物的機率比底灰高了許多，請說明其可能原因。（104年地特四等）

51. 試說明廢棄物熱值檢測方法－燃燒彈熱卡計法之方法概要，以及此方法使用苯甲酸及雁皮紙之原因為何？（104年薦任升官等）

52. 一連續式焚化爐,每天(24小時)進料量為150 ton,假設設計低位發熱量Hl = 1500 kcal/kg,爐床燃燒率G = 200 kg/m^2-hr,燃燒室熱負荷Q = 12×104 kcal/m^3-hr,試求爐床面積(A)及燃燒室容積(V)。(104年地特三等)

53. 一都市垃圾之元素分析結果如下:C = 30%、H = 2%、O = 15%、S = 0.2%,假設廢氣含氧量是6 vol%,請計算焚化之理論需氧量、理論空氣量、及實際空氣量。(Nm^3/kg)(104年地特四等)

54. 請比較、說明「焚化法」與「熱裂解法」處理廢棄物之原理與產物之差異。(104年高考)

55. 請說明採用烘焙法(Torrefaction method)處理廢棄物之原理與優缺點。(104年高考)

56. 當廢棄物中含C、H、O、S元素時,燃燒所需之理論空氣量可以A_0 = 8.89C + 26.7H + 3.33S – 3.33O(Nm^3/Kg)推算之,試請推導此一公式。(104年高考)

57. 繪圖並說明雙塔式廢棄物熱解系統之原理與方法。(105年地特三等)

58. 說明利用旋轉窯焚化爐處理有害事業廢棄物的優、缺點。(105年地特三等)

59. 垃圾焚化爐中,第一燃燒室與第二燃燒室之功能有何差別?(105年地特四等)

60. 依現行規定,一般廢棄物焚化底渣資源化再利用之條件為

何？資源化產品用途包括哪三種類型？（105年高考）

61. 一般廢棄物焚化處理所產生之飛灰，請說明可行無害化前處理之方式，及常用之資源化與再利用方式。（105年高考）

62. 請說明焚化過程中產生之底渣，其來源為何？其特性為何？試列舉底渣再利用之去化方式。又底渣再利用前應如何進行前處理？（105年普考）

63. 請說明廢棄物處理之固化法、穩定法、熔融法、熔煉法及熱解法。（105年普考）

64. 都市垃圾焚化爐常有「戴奧辛」形成並釋出至大氣中的問題，造成環境二次汙染及人體健康風險。請說明常見之焚化爐「戴奧辛」空氣汙染防制對策有哪些？（105年專技高考）

chapter *9*

最終處置

　　無論堆肥、焚化等廢棄物處理方法，皆會產生無法處理之最終產物，仍需以最終處置妥善處理，此對地狹人稠之我國可謂為一大挑戰，掩埋處理多為最終處置之選擇。本章節除介紹基本之掩埋場設置原理，亦探討掩埋場活化、填海造島等方案創造新利基。

一、廢棄物管理層次之優先順序

1. 源頭減量（prevention）。
2. 促進再使用（preparing）。
3. 材質再利用（recycling）。
4. 再利用（recovery）。
5. 最終處置（disposal）為最末。

◎當廢棄物經過前面4個程序，最終仍有部分廢棄物必須進行處置，最終處置是無法減免之廢棄物處理程序。
◎最終處置相關重要政策：
1. 垃圾處理政策環評之「掩埋場活化再利用」。
2. 事業廢棄物處理政策環評之「推動安定化無害化廢棄物填海造島（陸）」。

二、最終處置定義

1. 「一般廢棄物回收清除處理辦法」最終處置是指將一般廢棄物以安定掩埋或衛生掩埋之行為。
2. 事業廢棄物最終處置是指將事業廢棄物以安定掩埋、衛生掩埋或封閉掩埋之行為。

三、最終處置技術之種類

自然還原+回收再生二大類。

◎自然還原法：包括陸域處置（衛生掩埋、露天棄置）+水域處置（如海洋棄置）→以衛生掩埋為主。

掩埋場址位置	掩埋地形及種類		
陸域掩埋	山谷掩埋		
	開闊地掩埋		
	平地掩埋		
	其他掩埋		
水域掩埋	內水域掩埋	沿海掩埋	
		水面掩埋	
	海域掩埋	海面掩埋	
		海岸掩埋	

四、最終處置方法及定義

包含安定掩埋、衛生掩埋、封閉掩埋及海洋棄置。

最終處置	一般廢棄物	事業廢棄物
安定掩埋	指將具安定性之一般廢棄物置於掩埋場，設有防止地盤滑動、沉陷及水土保持設施或措施之處理方法。	指將一般事業廢棄物置於掩埋場，設有防止地盤滑動、沉陷及水土保持設施或措施之處理方法。
衛生掩埋	指將一般廢棄物掩埋於以不透水材質或低滲水性土壤所構築，並設有滲出水、廢棄收集及處理設施及地下水監測裝置之處理方法。	指將一般事業廢棄物掩埋於以不透水材質或低滲水性土壤所構築，並設有滲出水、廢氣收集處理設施及地下水監測裝置之掩埋場之處理方法。
封閉掩埋	指將有害廢棄物掩埋於以抗壓及雙層不透水材質所構築，並設有阻止汙染物外洩及地下水監測裝置之處理方法。	指將有害事業廢棄物掩埋於以抗壓及雙層不透水材質所構築，並設有阻止汙染物外洩及地下水監測裝置之掩埋場之處理方法。
海洋棄置	指依海洋汙染防治法之規定，運送廢棄物至海上傾倒、排洩或處理之處理方法。	（未有定義）

◎安定掩埋是掩埋不會被微生物分解之廢棄物，所以不需鋪設阻隔設施，阻隔汙染物與外界接觸。

◎衛生掩埋法其功能為利用微生物分解有機物，所以在過程中會有二次汙染發生，必須設有阻隔設施。

◎封閉掩埋場是處置有害廢棄物必須有雙層阻隔以完全隔絕汙染

物與外界之機會。

五、最終處置方法之適用對象

最終處置	一般廢棄物	事業廢棄物
安定掩埋	廢玻璃、廢陶瓷、石材碎片（塊）或經中央主管機關指定者。	玻璃屑、陶瓷屑、天然石材下腳碎片（塊）、廢鑄砂、石材脫水汙泥、混凝土塊、廢磚瓦或經中央主管機關公告之一般事廢棄物。
衛生掩埋	灰渣採穩定化法處理後之廢棄物。	一段事業廢棄物無需中間處理者。 一般事業廢棄物經中間處理後，或有害事業廢棄物經中間處理並經直轄市、縣（市）主管機關認定為一般事業廢棄物者。
封閉掩埋	有害垃圾。	有害事業廢棄物。
海洋棄置	符合海洋汙染防治法之規定。	符合海洋汙染防治法之規定。

六、一般廢棄物及事業廢棄物採安定掩埋、衛生掩埋、封閉掩埋必須符合之規定

1. 管理設施：如標示牌、圍牆、防止地盤滑動、沉陷等3者都需要設置。

2. 底部及周圍：安定掩埋不需由不透水材質所構築，衛生掩埋場由單層部透水材質構築、封閉掩埋場由雙層不透水材質構築。

3. 頂部覆土安定掩埋場覆土50 cm以上、衛生掩埋場覆土50 cm以上、封閉掩埋場由雙層阻隔構築（與底部相同）。

◎一般廢棄物：

	符合規定
安定掩埋	1. 放入口處豎立標示牌，標示廢棄物種類、使用期限及管理人。 2. 於掩埋場周圍設有圍牆或障礙物。 3. 有地盤滑動、沉陷之虞者，應設置防止之措施。 4. 依掩埋廢棄物之特性及掩埋場址地形、地質設置水土保持措施。 5. 終止使用時，應覆蓋厚度50公分以上之砂質或泥質黏土。 6. 其他經中央主管機關規定者。
衛生掩埋	1. 於入口處豎立標示牌，標示廢棄物種類、使用期限及管理人。 2. 周圍設圍牆、障礙物及防止飛散設備或措施。 3. 具備防止地層下陷及掩埋場設施沉陷之構築。 4. 掩埋場底層，應以透水係數低於10^{-7}公分／秒，並與廢棄物或其滲出液具相容性，厚度60公分以上之砂質或泥質黏土或其他相當之材料作為基礎，以及透水係數低於10^{-10}公分／秒，並與廢棄物或其滲出水具有相容性，單位厚度0.15公分以上之人造不透水材料作為基礎。 5. 具備滲出水收集及處理設施。 6. 依掩埋場周圍之地下水流向，於上下游各設置一口以上監測井。 7. 設置滅火器或其他消防設備。 8. 具備沼氣收集，處理或再利用設施。 9. 其他經主管機關規定者。
封閉掩埋	準用事業廢棄物貯存清除處理方法設施標準之規定。

◎事業廢棄物：

	符合規定
安定掩埋	1. 放入口處豎立標示牌，標示廢棄物種類、使用期限及管理人。 2. 於掩埋場周圍設有圍牆或障礙物。 3. 有地盤滑動、沉陷之虞者，應設置防止之措施。 4. 依掩埋廢棄物之特性及掩埋場址地形、地質設置水土保持措施。 5. 防止廢棄物飛散之措施。 6. 其他經中央主管機關公告者。
衛生掩埋	1. 放入口處豎立標示牌，標示管理人、掩埋廢棄物種類、掩埋區地理位置、範圍、深度及最終掩埋高程。 2. 掩埋有機性廢棄物者，應設置廢棄處理設施。 3. 掩埋場之底層周圍應以透水系數低於10^7公分／秒，並與廢棄物或其滲出液具相容性，厚度60公分以上之砂質或泥質黏土或其他相當之材料作為基礎，或以透水系數低於10^{-10}公分／秒，並與廢棄物或其滲出液具相容性，單位厚度0.2公分以上之人造不透水材料作為基礎。 4. 應有收集及處理滲出液設施。 5. 需於掩埋場周圍，依地下水流向，於上下游各設置一口以上監測井。 6. 於掩埋物屬不可燃者外，需置滅火器或其他有效消防設備。 7. 其他經中央主管機關公告之事項。
封閉掩埋	1. 掩埋場應有抗壓及拓震之設施。 2. 掩埋場應鋪設進場道路。其寬度為5公尺以上。 3. 應有防止地面水、雨水及地下水流入，滲透之設施。 4. 掩埋場之周圍及底部設施，應以具有單軸抗壓強度245公斤／平方公分以上，厚度15公分以上之混凝土或質具有同等封閉能力之材料構築。 5. 掩埋面積每超過50平方公尺或掩埋容積超過250立方公尺者，應予間隔，其隔牆及掩埋完成面以具有單軸抗壓245公斤／平方公分，壁厚10公分以上之混凝土或其他具同等封閉能力之材料構築。

	符合規定
	6. 依有害事業廢棄物之種類、特性及掩埋場土壤性質,採防蝕、防漏措施。 7. 掩埋場底層,應以透水係數低於10^7公分／秒,並與廢棄物或其滲出液具相容性,厚度60公分以上之砂質或泥質黏土或其他相當之材料作為基礎,以及透水係數低於10^{-10}公分／秒,並與廢棄物或其滲出產具相容性,單位厚度0.1公分以上之人造不透水材料為襯裡。 8. 應有收集及處理滲出液之設施。 9. 其他經中央主管機關公告之事項。

七、安定掩埋法

　　指將廢棄物置於掩埋場,設有防止地盤滑動、沉陷及水土保持設施或措施之處理方法,主要可作為具安定性之廢玻璃、廢陶瓷、廢磚瓦、石材碎片(塊)或經中央主管機關指定之一般廢棄物及一般事業廢棄物之掩埋。

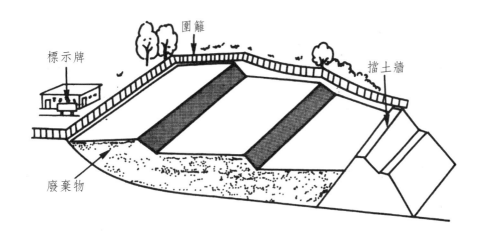

八、衛生掩埋法

　　指將廢棄物掩埋於不透水材質或低滲水性土壤所構築，並設有滲出水、廢氣收集處理設施及地下水監測之掩埋場之處理方法，可供無害性之一般廢棄物及無需經過中間處理或已採中間處理後一般事業廢棄物之掩埋。

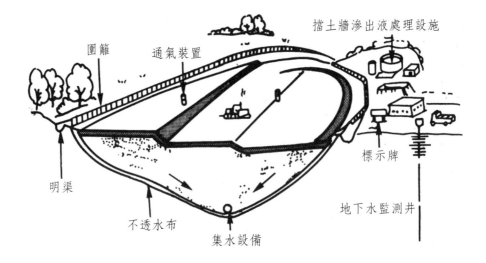

◎美國土木工程學會定義：衛生掩埋係指一種不產生公害，或對公眾健康及安全不造成危害的廢棄物處置法，此法使用工程原理將廢棄物侷限於最小的區域內，於每日廢棄物傾倒處理完畢之後，在其上覆一層土壤，必要時則增加覆土之次數。

◎我國法規定義：將一般（事業）廢棄物掩埋於以下不透水材質或低滲水性土壤所構築，並設有滲出水、廢氣收集處理設施及地下水監測裝置之掩埋場之處理方法。

九、封閉掩埋法

　　指利用抗壓及雙層不透水材質所構築，並設有阻止汙染物外洩及地下水監測裝置之掩埋場之處理方法，主要用以掩埋具毒性或危險性之有害事業廢棄物。

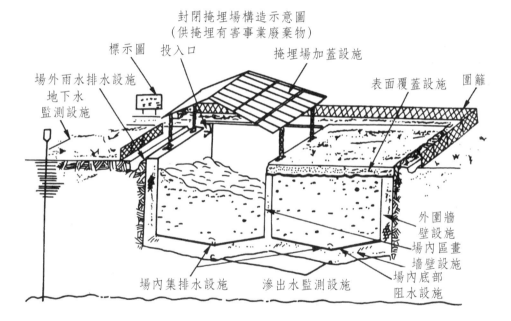

封閉掩埋場構造示意圖
（供掩埋有害事業廢棄物）

十、最終處置掩埋場基本計畫

1. 推估計畫處理區域計畫目標年內廢棄物之質量。

2. 由產生量考量資源回收等決定計畫最終處置量。

3. 考量現行掩埋作業方式及未來掩埋場址條件等因素選擇適當之掩埋方法。

4. 妥善規劃掩埋場操作階段覆土來源，盡量就地取材，工程之挖方產生之棄土應回收作為掩埋場覆土之用，如需外購土方，應妥為編列購土預算，購買適當性質之覆土材料。

5. 考量土地使用規劃情形、環境條件及民意接受度等因子決定掩埋場區位置及規模。

十一、最終處置掩埋場之用地選擇

1. 可使用之土地面積：理想的掩埋場土地空間最好滿足10年以上之操作需要，10～20年以上更屬優良。

2. 運送距離及其主要公路之連接：候選掩埋場址應盡量靠近廢棄物產生源。

3. 掩埋地之土壤性質及地形及覆土來源及其性質：盡量選擇底部具有低滲透係數黏土之候選場址。

4. 當地氣候條件、風向、風速及雨量分布等：影響廢棄物穩定化速率、掩埋作業進行時垃圾是否飛散、滲出水產生量及其所含汙染物濃度等。

5. 資源回收之衝擊、能源回收處理活動及回收後殘渣之處置：修正廢棄物最終處置量，將焚化後殘渣之進場處理納入規劃。

6. 地面水水文及逕流與排水特性：採用適當水文資料設計充分之集排水設施及滲出水處理廠。

7. 地下水水文及地質、滲漏水之汙染問題及產生氣體之影響。

8. 當地環境條件及住宅之距離及其發展計畫。

9. 衛生掩埋地填滿後之利用計畫。

10. 當地民眾之意見。

11. 考量當地交通類型、尖峰時段、車輛進出頻率對當地道路、住民及工商業之影響。

12. 考慮當地交通設施現況。

13. 評估有無特殊地域特性。

14. 了解有無特殊季節性節日之影響。

15. 緩衝區設置之必要性。

16. 覆土取得問題。

十二、最終處置掩埋場工程規劃之內容

最終處置場工程計畫項目與內容	
工程計畫項目	1. 掩埋構造：區域型、窪地型、壕溝法之擬定 2. 掩埋方式：單體式、三明治式、斜坡法之評估與選擇 3. 最終土地利用計畫：含復育工程植栽美化等工程 4. 資源回收利用計畫：土地資源再利用或回饋設施之規劃

最終處置場工程計畫項目與內容	
工程內容	1. 貯存結構 2. 不透水層 3. 壓實 4. 覆土 5. 雨水截流 6. 滲出水收集處理 7. 廢棄收集處理 8. 地下水監測

◎工程設計：

1. 進行工程設計工作：由承攬單位進行各項工程設計，製作相關施工圖說及規範之事宜。

2. 編製工程預算：由前述工程設計圖之解說，估算各項工程單價與數量，提送業主審查。

3. 辦理發包：依據審定核可之工程項目、規範辦理發包作業。

◎施工建造：

1. 擬定施工計畫：得標廠商應依招標文件及其相關時程之限制，配合氣候等因子擬定施工計畫。

2. 按圖施工：承擬單位依工程設計圖說及施工規範進行施工。

◎掩埋作業：

1. 進行掩埋作業與管理：擬定掩埋場掩埋作業管理手冊，提供操作單位人員未來進行掩埋作業之參考。

2. 掩埋作業方法決定：考慮掩埋場環境條件、安全作業需求及現有機具種類與數量等因子，決定掩埋作業方法。

3. 場內各項工程設施之維護管理：依據掩埋場各項設施與機具
之操作維護管理手冊之規定，妥善維護與管理各項掩埋場機
具與設施。

十三、掩埋場容量之決定

1. 計畫總掩埋量

(1) 計畫總掩埋容量係指掩埋開始至計畫目標年為止之計畫每
年掩埋處置容量之總和加上覆土容量所得之值。

(2) 計畫每年掩埋處置容量係指計畫每年掩埋處置重量除以掩
埋壓縮後廢棄物之單位容積重所得之值。

(3) 計畫每年掩埋處置重量係指每年所需處理之各類廢棄物重
量之和。

2. 覆土重量

(1) 覆土重量係指覆土容量除以所選擇之覆土材料之單位容積
重所得之值。

(2) 覆土容量應依掩埋處置之廢棄物種類、地形、最終土地利
用計畫等定之。

十四、掩埋場計畫總掩埋容量之研訂流程

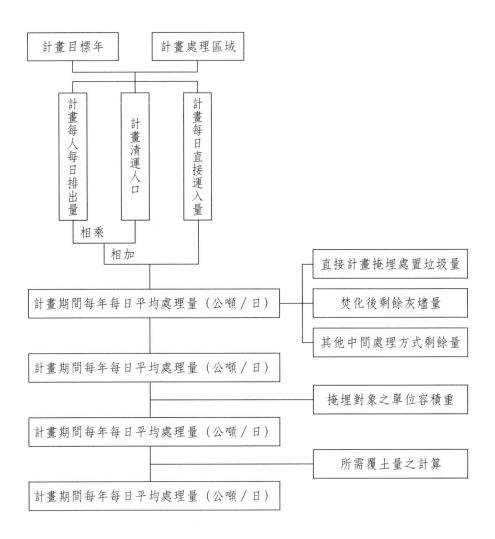

十五、衛生掩埋之基本作業

1. 壓實:為延長衛生掩埋場之使用年限,掩埋過程以重機械將垃圾體積減至最小。

2. 侷限:掩埋作業時將垃圾侷限於最小區域內,有計畫地堆埋垃圾。

3. 覆土:防止垃圾飛散與流失、病媒孳生,控制地面水入滲與氣體移動,防火,提供車輛通路,促進垃圾分解及配合土地利用。

十六、衛生掩埋之基本原理

　　垃圾衛生掩埋法就如堆肥化法,係一種生物處理法,所不同者,乃前者係在自然之情況下而後者在人為控制之適當環境下,利用大自然中存在之土壤微生物,將垃圾中之有機物質分解,使其體積減少而趨於穩定。

　　因環境之不同,可分為喜氣性與厭氣性兩類,唯一般之垃圾衛生掩埋係指厭氣性者,因有機物之分解係在自然情況下進行,其反應速率極為緩慢,常需10～20年之久才能達到穩定。

◎3階段:喜氣、厭氣、穩定。

1. 喜氣階段：（掩埋後數10日內）

在掩埋後數10日之掩埋初期，土壤微生物中之喜氣性細菌，利用掩埋層中之氧氣，在適當的含水情況下將垃圾中部分之有機物質分解成水及二氧化碳等穩定性物質，直至氧氣耗盡為止。

$$\text{垃圾中有機物 + 氧} \xrightarrow[\text{細胞}]{\text{喜氣性}} \text{穩定細胞質 + 二氧化碳 + 水 + 氨}$$

2. 厭氣階段：（掩埋後數10～500日內）

在掩埋後數10日至500日內，掩埋層中之氧氣於喜氣階段消耗殆盡，此時於缺乏或無氧之環境條件下，厭氣性微生物群中之酸生成菌，將垃圾中之脂肪、蛋白質、碳水化合物等轉化成有機酸及其他中間生成物，而甲烷生成菌則將中間生成物再分解成甲烷、二氧化碳及水等最終產物。

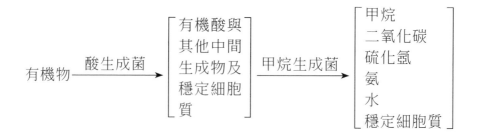

3. 穩定階段：（掩埋後數500日後）

在垃圾掩埋數百日後，垃圾中較易分解之有機性物質逐漸被分解而趨於穩定狀態，此時掩埋層沉陷量日漸減少。一般而言，在最初二年內氣體產生量可達尖峰，以後即逐漸降低，但掩埋層中之垃圾將持續分解而產生沼氣，其產氣期間可達10～20年或更長。

◎4階段：（最初適應期、過度期、厭氣分解期、穩定化期）。

◎5階段：（最初適應期、過度期、酸化期、甲烷期、穩定化期）。

1. 最初穩定期

(1) 廢棄物掩埋完成，場內含水率開始累積，環境變數開始變化。

(2) 行好氧分解將有機物轉化為CO_2、H_2O、NH_3等。

2. 過渡期

(1) 掩埋場達到保水容量。

(2) 內部由好氧條件轉變成厭氣條件，生化反應主要電子接受者由O_2轉移為NO_3^-或SO_4^{2-}。

(3) 滲出水可測出揮發酸，產氣中CO_2含率漸增。

3. 酸化期

(1) 滲出水中有機物主要為揮發酸，pH值下降。

(2) 重金屬溶出。

(3) 產氣中可偵測出H_2。

4. 甲烷發酵期

(1) 酸化期所產生之中間產物轉化為CH_4和CO_2。

(2) pH值上升，緩衝系統由揮發酸轉變為氫碳酸鹽系統，ORP（氧化還原電位）降至最低。

(3) 氣體產量達最高。

5. 最終穩定期

(1) 垃圾成分趨於穩定，有機物緩慢變為腐植質且易和重金屬行錯合作用。

(2) 環境條件開始恢復初期狀態，O_2和氧化態物質顯現，ORP緩慢上升。

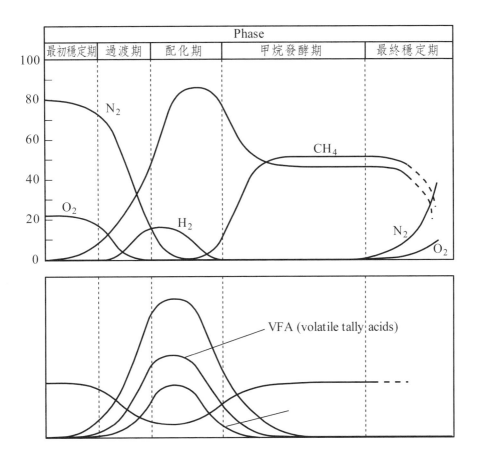

十七、掩埋場必須具備之四大功能

1. 貯存功能：具適當的空間以掩埋垃圾。

2. 阻斷功能：具適當的條件將垃圾及其分解處理過程可能產生
   之廢水、廢氣等汙染物與周圍之環境隔絕。

3. 處理功能：具適當的設備並維持良好之掩埋層環境條件，有

效地使垃圾安全且衛生地趨於穩定。

4. 土地新生：配合當地民眾需求或落實當初建場之承諾，於掩埋場封閉復土後，進行植栽綠美化或再利用計畫。

十八、掩埋場之分類

1. 厭氣性掩埋：露天傾棄式。

2. 厭氣性衛生掩埋：有覆土但滲出水未做適當處理。

3. 改良型厭氣性衛生掩埋：現行掩埋法，鋪設不透水層並埋設集水管以防止滲出水汙染。

4. 準喜氧性掩埋：考慮集水效率與淨化能力，以直徑約15公分之大卵石及多孔管作集水裝置，並用抽水機由集水坑抽除滲出水，使大氣中之氧氣可由集水管進入掩埋層內。

5. 好喜性掩埋：集水管上設通風管，其上再鋪設空氣擴散層，用鼓風機強制通風使掩埋層保持喜氣狀態，以提高垃圾安定化速度，宛如長期堆肥化處理。

十九、掩埋場之貯存結構物

旨在阻止掩埋廢棄物及滲出水之外流，其形式有土壩、擋土牆、鋼板樁、圍堤等，通常需具備下述條件：

1. 對本身之自重、廢棄物之壓力及水壓等具有充分抗衡之強

度。

2. 對於地盤沉陷、滑動及翻轉等具有高度安全性。

3. 能阻斷場內外水之流動，滲出水不致汙染公共水體。

4. 貯存之廢棄物不致因大風、大雨而流失。

5. 對於掩埋之廢棄物及產生之滲出水、廢氣等所引起之腐蝕、火災具有足夠之耐久性。

二十、掩埋場之阻水設施

　　避免場址鄰近公共水域與地下水受汙染，利用周圍阻水設施與底部不透水設施等，將場內汙水與周圍地下水加以阻斷。

1. 垂直阻水設施：利用黏土等天然之不透水層或人工方法在地層（貯存結構物中）打入鋼板樁或混凝土、黏土壁。

2. 底部阻水設施：隔絕滲出水與地下水之接觸。底部阻水設施之結構可分為單層、雙層及多層等，其材質亦有天然及人工合成等種類可供選擇。掩埋之廢棄物如可能產生有毒性之滲出水時，雙層及多層底部阻水設施為較安全之選擇。

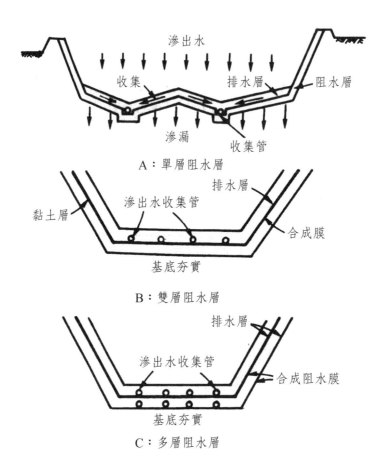

A：單層阻水層

B：雙層阻水層

C：多層阻水層

二十一、掩埋場之集排水設施

　　垃圾衛生掩埋場之滲出水係指垃圾堆積於掩埋場後，因壓實、生物分解作用及雨水、地面水或地下水滲入掩埋層而滲出之汙水，其排出量與因降雨而流入掩埋場內部之水量成正比。

　　掩埋場內降雨量之30〜80%會成為滲出水，其水量雖小但汙

染物含量頗高，若未妥善收集、處理，不但影響掩埋場之安定化，亦將汙染水體。掩埋場需設集排水設施，以排除場內外之地面水與場外地下水，並將掩埋場滲出水迅速排出，做妥善之處理。

如掩埋場內有湧泉或地下水位較高時，需在掩埋場垂直阻水層下側或外側設置排水設施，將地下水截流或改道。可行的方法有：

1. 重力排水：可在阻水層下側設置收集排除地下水之暗渠；若使用直徑20～30 cm之多孔管，通常每公尺長約可收集10～20 L/min之地下水。

2. 抽水井：在掩埋場外圍設置點井或挖掘溝渠排除地下水，使地下水水位坡降向掩埋場降低。

◎場外排水：場外逕流量之排除，需在掩埋場周圍構築一系列的截流溝即可，通常採取U型溝。

◎場內集排水：

1. 底部集、排水設施

    (1) 排水設施可由構築於底部阻水設施或不透水層上之孔管、透水盲溝或蛇籠等構成。

    (2) 有孔管或透水盲溝應舖設成樹枝狀。其周圍應舖覆30～50 cm厚，30～100粒徑公釐之碎石，以防孔隙阻塞。

(3) 有孔管之流速應維持在1公尺／秒以上，其幹管之最小直徑應在60 cm以上，支管之直徑為20～30 cm。

(4) 無法實施重力排水時，應設置集水井以抽水排水。

2. 覆土表面及場區內之排水設施

(1) 覆土表面應做1%以上之坡度，使表面流水匯集至場區內排水設施。

(2) 場區內排口設施應在適當距離內設置U型溝或排水路，其逕流量推估及排水溝斷面等之計算可參照本節第二項之公式，但降雨強度I降雨頻率以5～10年為準。

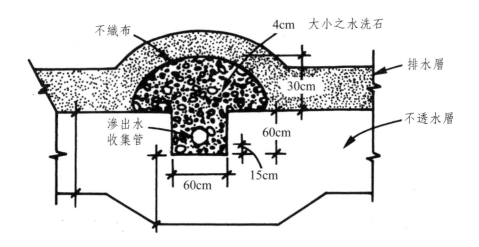

二十二、掩埋施工作業

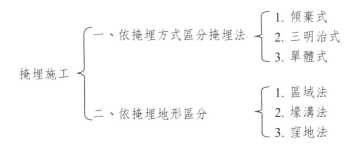

1. 區域法：不適合挖掘壕溝之地形或可填高之場地，宜採取區域法。其作業程序如下：

   (1) 利用天然地形或構築貯存結構物，並設置必要之阻斷結構物。

   (2) 掩埋作業應沿貯存結構物由下游往上游之方向順序將廢棄物傾倒、鋪平、分層壓實。

   (3) 每天掩埋作業完成後，即實施當日覆土，形成一層覆土、一層廢棄物之方式。如掩埋物層範圍過大，無法實施上述方式之覆土時，應在水平及斜坡方向實施覆土，每日構成一單體，每一單體之斜面坡度應在15%～25%左右。

2. 壕溝法：平坦且地下水高水位與挖掘深度之間距在1.5 m以上之地區宜採用壕溝法。其作業程序如下：

   (1) 以挖土機械挖掘壕溝，其長度以30～120 m，寬度5～10 m為原則；但最小寬度不得低於壓縮機械上刮刀或畚斗寬

度之2倍或堆土機之迴轉半徑；長度需可掩埋3～5天廢棄物量。

(2) 設置必要之貯存結構物及阻斷結構物。

(3) 壕溝應平行建造，並和風向成垂直方向。

(4) 其他之作業方式與區域法相同。

3. 窪地法：利用天然或人工窪地、山谷、土坑、採石場等掩埋廢棄物。其作業程序如下：

(1) 整地後構築必要之貯存結構物及阻斷結構物。

(2) 掩埋作業應沿貯存結構物由下游往上游依序掩埋，且不得由上往下傾棄。底層面積狹小時，可採用一層覆土一層廢棄物之掩埋方式，迄一定高度，掩埋面積擴大後即可用單體掩埋方式。

(3) 其他之作業方式與區域法相同。

二十三、掩埋作業程序

1. 整地：不透水設施施作前需先進行整地工作，去除樹木、樹根、殘幹、碎屑及其他所有障礙物。

2. 構築貯存、阻斷結構物：依地形、地質、地下水位及作業方法等，構築貯存、雨水截流及地下水排水設施，若掩埋場底部之透水係數大於10^{-4}～10^{-5} cm/s，需鋪設黏土層或人工不透水層。

3. 鋪設滲出水及廢氣收集系統：掩埋場底部不透水層之上，設置管線收集滲出水，經處理後再放流。此外，採用垂直及水平排氣管，收集垃圾衛生掩埋過程所產生之廢氣，經燃燒後排放或予以回收再利用。

4. 填埋垃圾：進場垃圾傾倒於工作區後，利用推土機、壓實機等先行均勻鋪平，再經輾壓、破碎（或先經破碎、壓縮前處理），並予以壓實。

5. 覆土：每日垃圾鋪平、壓實後，需實施覆土作業，適當時間需進行中間覆土並於掩埋完成後，配合最終土地利用，實施最後覆土。覆土經壓實後，應保持2～4%之坡度，以利排水及減少沖蝕。

6. 植被：最終覆土後，植被進行綠化作用，配合最終利用。

二十四、衛生掩埋作業準則

1. 垃圾鋪平：垃圾於指定之工作面傾倒後，先予均勻鋪平，每層厚度為60 cm，並按所需之寬度鋪設再分層壓實。鋪平之作業可使用推土機或垃圾掩埋壓縮機或鏟土機。

2. 垃圾壓實：垃圾經鋪平為60 cm厚度後，應立即壓實，可使用掩埋壓實機、推土機或鏟土機於垃圾堆上來回滾壓三次。雨天時垃圾經雨水浸濕，含水量較高，推土機應於垃圾堆上來回滾壓五次，垃圾壓實完成後，選擇適當之覆土材料，實

施必要型式之覆土作業。

3. 即日覆土：每日掩埋作業完畢後，或垃圾層壓實後之厚度達 2.4～3.0 m時，需於垃圾層之表面，水平及斜坡方向均覆以一層壓實後15～20 cm之覆土。每日掩埋作業自成一掩埋單體，掩埋單體之斜面坡度應在15～30%之間，以利機械作業之進行。

4. 中間覆土：當掩埋作業開始有廢氣產生時或掩埋作業需轉移至另一區，而原作業工作面暴露時間一日以上，需於垃圾層之表面，水平及斜坡方向覆以一層壓實後30～50 cm之覆土，掩埋單體之斜面坡度亦應維持在15～30%。

5. 最終覆土：掩埋作業完成後，必須在最上層施以壓實後60 cm以上之最終覆土，平坦面之坡度應在1%以上以利排水。

6. 現場資源回收：場內僅允許有系統之資源回收作業，且應於工作面以外進行。

7. 防止火災發生：定時監測沼氣產生質量並妥善管理沼氣集排設施，場內不可任意點火或棄置煙蒂，掩埋操作人員應受嚴格之消防訓練。

8. 控制灰塵：如有需要場內通路應隨時注意灑水除塵。

9. 病媒控制：每日檢查，若老鼠掘地打洞，或蚊蠅繁殖孳生，應做適當處理，回收物如貯存於場內者，超過兩天應噴灑殺蟲劑消毒。

二十五、掩埋場滲出水處理

1. 滲出水之成因

   (1) 內在因素：

   ① 廢棄物本身之含水分經掩埋壓實擠出。

   ② 廢棄物中有機物進行生化分解產生水分。

   (2) 外在因素：

   ① 降於掩埋場之雨水量。

   ② 掩埋場外圍流入之地面水與地下水量。

   ③ 掩埋場內流向外圍地層之滲漏水量。

   ④ 掩埋場之蒸發散量。

   ⑤ 掩埋場之逕流量。

   ⑥ 掩埋場內之保水容量。

2. 滲出水水量估算

   (1) 合理法：本法假設垃圾滲出水量主要為降雨入滲量超過掩埋場內保水容量後形成。

$$Q = \frac{1}{1000} C \times I \times A$$

   Q：計畫滲出水量（m³/day）

   C：滲出係數（0.2～0.8）

I：平均降雨量（mm/day）

A：集水面積 = 垃圾掩埋面積（m²）

(2) 日本「全國都市清掃會議」公式：

$$Q = \frac{1}{1000}(C_1 A_1 + C_2 A_2 + C_3 A_3) \times I$$

A_1：掩埋中地表水未能直接排出者（m²）

A_2：已掩埋區，地表水能直接排出者（m²）

A_3：未掩埋區，地表水能直接排出者（m²）

C_1：A_1區之滲出水係數（0.4～0.7，標準值0.5）

C_2：A_2區之滲出水係數（0.2～0.4，標準值0.3）

(3) 考慮蒸發散量之推估公式：

$$Q = \frac{A}{1000}(1 - E) - S$$

I：日降雨量（mm/day）

E：日蒸發散量（mm/day）

S：掩埋場內之日貯存量（m³/day）

(4) 由降雨量，逕流量與蒸發散量等推估：

$$q = q_0 - q_1 - q_2 - q_3$$
$$Q = q \times A$$

q：平均滲出水量（m^3/m^2-year）

q_0：平均降雨量（m^3/m^2-year）

q_1：平均逕流量（m^3/m^2-year）

q_2：平均蒸發散量（m^3/m^2-year）

q_3：平均地下水滲漏量（m^3/m^2-year）

3. 滲出水水質

滲出水水質受掩埋構造、掩埋深度、掩埋廢棄物特性、掩埋時間、廢棄物含水量、降雨入滲量、覆土性質、掩埋場地理、地質、地形、氣候、水文狀況及掩埋場管理等因素之影響而有極大之變化。

垃圾等有機廢棄物掩埋場之滲出水通常含有高濃度之有機物質、無機鹽類及微量重金屬，外觀成深褐色、色度高具刺激性臭味。

影響因素	滲出水特性
垃圾成分與性質	1. 新鮮垃圾濃度高。 2. 含水分高者，分解速度快。 3. 有機成分高者，滲出水中有機物濃度較高。
垃圾性質	1. 經燃燒之灰渣者，有機物濃度偏低。 2. 微生物分解者，初期濃度高。
掩埋方式	掩埋方式如覆土材料種類、厚度及壓實度等，將影響掩埋層垃圾之分解、速率及滲出水汙染物濃度。

影響因素	滲出水特性
雨水滲入	1. 旱季雨水少，入滲量低，掩埋場分解情形良好。 2. 雨季若有過多雨水滲入，可能破壞掩埋場分解作用，導致水質濃度反而增高，但如果有大量雨水滲入導致稀釋作用大於受抑制之生物分解作用，滲出水中有機汙染物濃度可能反而降低。
環境氣候	受潮汐感潮影響有連續稀釋用。
掩埋時間	初期滲出水汙染物濃度隨掩埋時間增加而增加，至一高值後漸下降，並持續一段時間。

掩埋年代	水質特性	處理方法
掩埋初期5年內	滲出水含高濃度有機物 COD>10,000 mg/L COD/TOC > 2.8 BOD/COD > 0.5	生物處理效果最佳，而其出流水再以物化法處理，以達更佳處理效果。
掩埋中期5~10年間	含較高無機鹽類與不易分解之有機物； CO為500-10,000mg/L COD/TOC為2.0-2.8 BOD/COD為0.1-0.5	不適合採取生物處理，而以物化處理較佳，例如逆滲透最佳。
掩埋10年以上之老舊掩埋場	含無機鹽類及低濃度有機碳 COD < 500 mg/L COD/TOC < 2.0 BOD/COD < 0.1	適合物化處理以逆滲透法和活性碳處理較佳。

◎滲出水水質隨掩埋時間之增加而有極大之變化。掩埋時間短（年輕）之掩埋場，由於垃圾中有機物進行水解酸化作用，滲出水中揮發酸（VFA）高，總COD濃度可達70,000 mg/L，而

VFA/COD之比約為0.8。

◎掩埋時間長（老舊）掩埋場滲出水中之COD降至2,000～3,000 mg/L以下，且揮發酸濃度低，但NH_3-N含量增高。COD降低所需時間因掩埋操作、垃圾組成等而異，通常長達2～7年。

4. 滲出水水質處理

一般採生物處理法較物化處理法為經濟，但滲出水汙染濃度甚高且成分複雜。若單採生物處理法，恐難達所要求之水質水準，需再輔以物化處理法。

通常第一階段採生物處理法（厭氣處理法去除效果佳），去除大部分之有機汙染物，第二階段以物化處理法（逆滲透法較佳），去除殘留之有機物、無機物、色度及臭味等

二十六、掩埋場廢氣收集處理

由於目前之垃圾掩埋處理皆屬厭氣性掩埋法，垃圾中之有機物因厭氣分解而產生甲烷、二氧化碳、硫化氫、氨等各種氣體。此類廢氣中之甲烷，為場內火災與爆炸之原因，需妥善處理。

1. 對策

(1) 阻斷氣體流動：掩埋場底層及側面舖設阻斷設施，譬如黏土層。

(2) 埋設集排氣設備：埋設通氣管或以碎石構築通氣蛇籠、通風井等集排氣設備。

(3) 設燃燒設置：經集排氣管收集之廢氣，做大氣稀釋或將其燃燒。

2. 集排氣設備

(1) 垂直排氣設備：管徑依埋設間隔、掩埋深度、覆土性質及厚度而異，一般可先決定排氣管之管徑後，依掩埋條件如掩埋深度、覆土透水係數、覆土厚度等求出排氣管理間隔。但決定埋設間隔時，應避免排氣管過密妨礙掩埋作業。其材料可採用耐腐蝕性之有孔鑄鐵管或有孔陶瓷管等，深度需穿入廢棄物，並圍碎石，以利排氣。

(2) 水平排氣設備：垂直排氣設備間必要時應設置水平排氣設備，以利排氣；或於掩埋場邊緣孔細率最大處設置水平排氣設備。

◎廢氣經集、排氣設備排出後，可妥善擴散至大氣中或利用燃燒裝置燃燒之；但燃燒裝置應高出覆土表3～5 m。如廢氣中之甲烷濃度高時，可考慮淨化回收利用。

二十七、掩埋場惡臭控制

　　惡臭為鄰近居民對掩埋場反感的主因之一，其主要來源為垃圾本身及腐敗後所產生之揮發性有機酸、硫化氫、氨等氣體，此類惡臭之對策如下：

1. 於每日覆土上加灑一層碳屑或煤屑，將其吸附以防發散。
2. 利用燃燒裝置將掩埋後產生之臭氣燃燒。

二十八、衛生掩埋場發生火災崩塌之原因及對策

1. 火災

　　(1) 原因：煙火管制失當、可燃性廢棄物堆積、甲烷氣體外逸

　　(2) 對策：

預防措施	1. 確實管制煙火及露天燃燒，於顯眼處設置嚴禁煙火標記 2. 實施垃圾進場管制 3. 實施充分之覆土及壓實，妥善管理與修補掩埋面之裂隙
緊急對策	1. 通行管制 2. 循緊急聯絡組織系統進行搶救、滅火 3. 進行修復工作

2. 崩塌

發生原因	1. 覆土材料不良 2. 覆土未充分壓實 3. 掩埋面太陡 4. 堆積覆土崩塌 5. 堰堤及擋土牆破損及崩塌 6. 突來之颱風、豪雨或地震
預防對策	1. 確實遵守作業準則 2. 定期檢查 3. 定期檢查排水系統

二十九、海岸水域衛生掩埋

1. 海岸掩埋：利用海岸或河口陸地，構築適當之護堤將海水阻絕，再填埋廢棄物，此與一般海埔新生地之圍築相同。

2. 海面掩埋：係在港灣中或近海地區以護堤圍堰，填埋廢棄物形成新生地，與海岸間則以跨海大橋、海底隧道或船舶作為往來交通工具。

◎臺灣地區常見海岸水域衛生掩埋，其定義為：以海域工程的科學知識與工程技術，於海岸水域部分圍築海堤，提供衛生掩埋場所需之貯存功能、阻斷功能及處理功能。而能將廢棄物安全而無害的處分，並創造新生地增加國土面積。

三十、海岸水域衛生掩埋引起之環境汙染

1. 施工期間

    (1) 於構築護堤之時，浚渫、地盤改良及土石投置等工程，除了引起空氣汙染、噪音與震動等問題之外，亦影響水質、動植物、水底地形。

    (2) 隨著護堤之構築，因水面的減少與水際線的變更，景觀、動植物棲息地、遊憩場所等亦發生變化，另因水相之變化，水質、地形、地質及動植物亦受影響。

2. 掩埋階段

    (1) 廢棄物運入，掩埋作業有空氣汙染、噪音，震動之問題。

    (2) 另由於廢棄物之存在，腐敗性有機物含量高時，因厭氧性分解排出的滲出水及廢氣，會對水質及空氣品質造成重大且長遠的影響。

    (3) 廢棄物的飄浮、飛散等亦會對景觀、遊憩及動植物造成影響。

◎環境保護對策：

1. 掩埋對象之管制：廢棄物於掩埋處理前，宜先經安定化、無害化處理，使其適於掩埋處理並避免有害物質混入。

2. 設置汙染防治設施：

(1) 護堤是海域掩埋最主要的設施，需於廢棄物填埋之前構築完成。

(2) 一般以水密性之二重鋼板或鋼管樁，內置砂層，使具有止水與吸附過濾作用，或配合不透水布、水泥阻水壁，達到安全貯存與充分阻斷之目的。

(3) 護堤之構築材料應具抗腐蝕性，以防止H_2S、NH_3海水等之侵蝕而影響其水密性。

(4) 廢棄物投入水中即產生浸泡汙水，此時降雨與廢棄物接觸亦產生滲出水，此等汙水像掩埋場內之殘留水受到汙染。

(5) 汙水需處理至該地所規定之放流水標準才能排放。

(6) 由於廢棄物中之腐敗有機成分，經厭氧性分解會產生甲烷等可燃性氣體及惡臭等成分，有爆炸、起火、產生惡臭等問題，需隨掩埋作業之進行。

(7) 以透氣蛇籠或多孔管設置水平或垂直集氣管，收集產生之廢氣，將其自然擴散於大氣中。

3. 操作管理與環境監測：

(1) 以中隔或分隔堤，分段分區掩埋，控制汙染物於最小範圍，且使填埋面盡快高出水面，並設漂浮物防止設施（柵欄或串浮桶），以阻止漂浮物擴散。此外，於周圍水域設置漂浮物清理船，每日清除被強風吹出海面之飄浮物，以減少汙染，並維護景觀。

(2) 汙泥等擴散性廢棄物放置集中投置區，且避免直接投入水

中。

(3) 填埋區內之殘留海水，考慮護堤構造，填埋作業工程，盡可能在被汙染之前，將其排至堤外，減少汙水量。

(4) 配合掩埋作業之進行，約每3 m填埋廢棄物層，實施50 cm之覆土，以防止廢棄物之飛散，控制臭味病媒，並促進廢棄物穩定化。

(5) 鄰近護堤之周圍海面設置浮桶式曝氣機，以淨化汙水減輕其汙染負擔。

(6) 於最終處置場之規劃施工階段，盡可能選用低汙染性機具、建材，且將進出道路避開住宅且於路側植生綠化，以減少噪音、震動、空氣、水質及景觀方面之負面影響。

(7) 進行最終處置場周圍之環境監測，就排出之殘留海水，處置場外之水質、地質、生物與生態系之變化，定期監測，以保護自然環境。

三十一、廢棄物填海造島（陸）政策

填海造島（陸）之定義為：於既有港口區域或濱海工業區之發展計畫中，規劃提供無害且安定或經無害化及安定化之不可燃廢棄資源，依其特性再利用於既有港區擴建或濱海工業區開發之填海造島或造陸所需之填方。

臺灣每年有380～700萬無法回收再利用的不適燃廢棄物

及營建剩餘物等,需有合適的最終填埋去處,若配合商港區興(擴)建或濱海工業區開發計畫,提供廢棄資源物作為填埋料源,不但可達成資源循環再利用,補足最終處置不足的缺口,也可避免原開發計畫抽砂填海造成鄰近海域破壞,且廢棄資源物處理量大,使用年限長,有可能產出新生土地,對環境應屬正面效益。

項目	替代方案-陸上掩埋	政策方案-填海造島(陸)
土地需求	土地取得不易,消耗有限國土資源	1. 配合既有港區或濱海工業區開發計畫,提供作為填海料源 2. 相較陸上掩埋土地取得問題較小,且可產生新生土地
興建成本	低	較低(不含原開發計畫海事工程及圍堤興建費用)
處理量	小	大
使用年限	短	長
汙染控管	汙水處理後符合標準始得排放,除非嚴謹阻絕,否則有土壤汙染之虞	1. 有嚴謹之料源及進場管制控管 2. 無土壤汙染之虞 3. 適當隔離設施及進場控管亦可避免可能之滲出,並實施海域環境監測
填埋後土地利用	經最終覆土、綠美化後,可作為公園、休閒用地等	填埋完成後,可創造新生國土及海岸線,配合港區未來發展使用

1. 區位篩選原則:由於既有商港興建與濱海工業區開發部分具有抽砂填海需求,推動廢棄資源作為填海造島(陸)料源,

將不適燃之無害、安定廢棄資源物妥適進行最終填埋，以配合商港與工業區之開發並解決陸上最終處置設施匱乏問題。

應避免之地區：

(1) 「非都市土地開發審議作業規範」總篇及海埔地開發專篇規定的限制發展地區。

(2) 環境敏感區位（如重要野鳥棲息區、國家重要濕地、國家公園、野生動物保護區／重要棲息環境、自然保留區／保護區等）。

(3) 海域水質不良地區（如二仁溪口及東港溪出海口）。

◎應依據個案位置環境敏感區位特性，提出具體改善對策及環境保護措施，辦理海堤結構安全分析，並據以規劃保護措施。

2. 適合填埋之廢棄物種類：

(1) 不適燃廢棄物。

(2) 再利用後剩餘物或衍生物。

(3) 營建剩餘土方。

(4) 濬泥。

(5) 煤灰、轉爐石等。

3. 進場廢棄物收受標準：

(1) 焚化廠底渣及飛灰固化物：經穩定化、熟化或水洗等方法處理，需符合環保署「垃圾焚化廠焚化底渣再利用管理方式」之規定及有害事業廢棄物認定標準。

(2) 營建廢棄資源物再利用後剩餘物：經破碎等方法處理，最大直徑30 cm以下，不得有中空物體及附著或含有有毒物質之廢棄資源物，符合有害事業廢棄物認定標準。

(3) 事業廢棄資源物再利用後衍生物：經破碎等方法處理，最大直徑30 cm以下，不得有中空物體及附著或含有有毒物質之廢棄資源物，符合有害事業廢棄物認定標準。

(4) 燃煤電廠飛灰及底灰、中鋼轉爐石、水庫清淤泥、商港浚渫淤泥、營建剩餘土方、風災土石泥、其他不適燃廢棄物。

4. 環境保護議題：

項目	施工階段	營運階段
海域水質	水溫、鹽度、pH、DO、營養鹽、SS及重金屬	
填埋區內海水水質	—	pH、DO、COD、SS及重金屬
底泥	鎘、鉛、六價鉻、砷、汞、硒、銅、鋅、錳、銀等	
海域生態	魚類、底棲生物、仔稚魚及魚卵、浮游性動植物、潮間帶生態魚類及底棲生物之重金屬含量等	
空氣品質及臭味	護堤外側周邊適當地點 TSP、PM_{10}、$PM_{2.5}$、SOx、NOx、CO、O_3、鉛、落塵量及臭味	同左 另增加管制室及檢驗室
噪音及震動	進出道路敏感點	同左 另增加填埋區及接受站
沉陷監測	—	填埋區
氣象	風向、風速、溫度及濕度連續測定	

項目	施工階段	營運階段
海相及海岸地形	海相、海岸地形變遷	
電子偵漏系統	自動監測	

三十二、填海造島（陸）政策推行之環境保育配套措施

1. 空氣品質

   (1) 採分區填埋以減少大面積裸露。

   (2) 工區四周設立圍籬，防止粒狀物逸散。

   (3) 營運期間，確實要求運輸車輛車斗覆蓋帆布或防塵罩，減少揚塵。

   (4) 個案環評應實施長期環境監測計畫，務必符合「空氣品質標準」。

2. 水體水質

   (1) 工區設置沉沙池等截流設施，並於填埋區側向鋪設防滲膜或其他防護措施，使廢汙水不直接排入水域。

   (2) 加強工區管理，避免施工時因防滲膜或阻絕設施破損，致填埋物質滲出影響水質之虞。

   (3) 避免施工作業對海域底質及填築區海床造成擾動。

(4) 擬定海洋保護措施及管理策略,確保海域環境品質。

3. 陸域生態

(1) 周界綠帶植栽以原生種為主,選取防風及耐鹽害樹種,應考量高度層次、生物多樣性。

(2) 設置減低震動與噪音裝置,避免夜間或連續施工。

(3) 定期維護綠帶與植栽,提供優良棲息空間,在不影響環境衛生前提下,盡可能減少使用除草劑及殺蟲劑等,避免危害生態環境。

4. 海域生態

(1) 分區開發,減少大規模填埋,避免海域環境急遽變化,增加海洋生物之緩衝時間及空間。

(2) 工區設置沉砂池等截流設施,於填埋區側向鋪設防滲膜或其他防護設施,使廢汙水不直接排入水域。

(3) 落實執行施工管理及環境保護措施。

(4) 個案進行監測時,如發現對生態有不利影響,應釐清發生原因,並立即採行改善對策。

5. 土地資源利用

填埋完成後,新生國土回歸港區或工業區原規劃土地使用項目,提供經濟發展與生活休閒空間。

三十三、安全掩埋場（封閉掩埋場）

安全掩埋場（secure landfill scientific landfill or engineered landfill）是經周詳之工程設計之地下或地面掩埋場，專供處置有害廢棄物。其主要目的是要將有害廢棄物其周圍環境隔離，使兩者之間沒有水流動，尤其是地下水。設計準則：

1. 自然水文地質：適當之水文地質環境，可以減少或避免汙染因子滲往掩埋場下面之地下水，而不必過份依賴人為之工程設計。

2. 底部防漏層：使用黏土（或黏質土）或高分子合成材料防漏布，或兩者混合使用，鋪設於掩埋場底部，可以有效防止汙染物外洩，而避免汙染地下水，並阻止地下水流進掩埋場。一般防漏層上面一層稱主防漏層（primary liner）；而底下的，稱第二或補助防漏層（secondary liner）。

3. 滲出液之收集、排除系統：滲出液之收集、排除系統包括收集導管及幫浦；其設計是避免液體在掩埋場內累積。為達到此目的，掩埋場底部防漏層應有適當之坡度，並且在上面鋪設管線，以收集滲出水，在現場處理或將其抽至汙水處理場處理。

4. 最終覆土：

(1) 最上面之表土，厚度約1 m，坡度至少3%，是供植物種植之用。

    (2) 中間排水層，由約30 cm厚之礫石或沙所組成其滲透係數
       應大於1×10^{-3}cm/s以上。

    (3) 底下之防漏層，由高分子合成材料防漏布和黏土所組成，
       具有適當之坡度。

◎防漏層之目的，在防止雨水向下流進掩埋場，而透水層在使雨
  水迅速轉成逕流離開掩埋場。因此最終覆土在掩埋場停止使用
  後，有防止「浴盆效應」之功能。

◎即掩埋場底部之防漏布，因其斜坡而形成有如浴盆之構造，
  如有液體（包括雨水）向下移動，將累積在此一浴盆上，是謂
  「浴盆效應」。

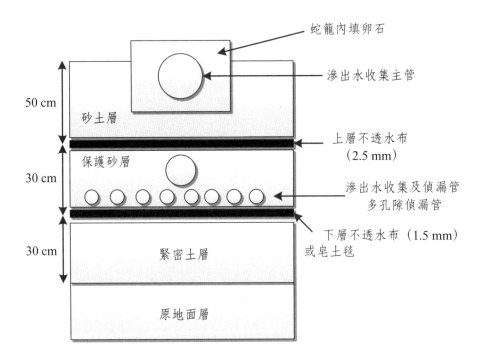

三十四、安全掩埋（封閉掩埋）之地工材料

地工材料（織物）（Geotextile）係泛指一切合成的織物用在土地中，其中織物所指包括編織（woven）及非編織（non-woven）對地工織物運用於工程中可以有以下的功能：

1. 分隔（separation）：隔開兩種成分相當不同的顆粒材料，避免其混合。

2. 過濾（filtering）：放置在土壤中，讓土壤內的水分可以通過而顆粒物質無法進入。

3. 加勁（reinforcing）：用各種材料包含於土壤內，讓整個土體具備有張力程度而達更佳的安定。

複合阻水層（composite liner）為組合不透水布及夯實黏土或地工皂土毯，截長補短各取所需，後補作用，預防萬一：

1. 不透水布 + 夯實黏土（GM + CCL）。

2. 不透水布 + 地工皂土毯（GM + GCL）。

◎複合阻水層之複合作用成敗取決於親密接觸（intimate contact），不透水布與夯實黏土或地工皂土毯必須要緊密相貼，不得有第三者介入，其概念包括：

1. 不透水布在上，土壤阻水層在下。

2. GM完好時完全不透水。

3. 降低通過GM缺陷之滲流率。

4. 減少CCL滲流面積。

5. 以CCL之厚彌補GM之薄。

6. CCL具有吸附汙染物之能力。

7. CCL施工時不致損壞GM。

8. 可避免CCL全面與滲出水接觸。

三十五、有害廢棄物封閉掩埋場操作要點

　　有害廢棄物掩埋場之操作必須考慮追蹤（tracking）廢棄物之流向，即從廢棄物之產生至最終處置皆需接受監督（即從搖籃到墳墓之管理）。追蹤制度一般必須藉助聯單（cell）以明瞭廢棄物產生源、廢棄物之特性及最終處置之方式。

　　有害廢棄物掩埋時是否必須每日覆土（daily cover），前仍在覆土雖可減少臭味、保持環境衛生，但卻也必須浪費乾淨砂土而且會減少有用之掩埋容積。

三十六、垃圾掩埋場復育工程

1. 垃圾掩埋場之公害防治：大地工程。

2. 垃圾掩埋場之公害防治：環境工程及監測系統。

3. 掩埋場之植生綠化。

4. 景觀規劃與土地再利用。

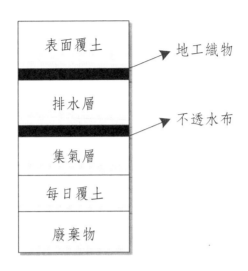

1. 表土層（surface layer）：主要提供植物生長與蒸散作用，並可以防止侵蝕及風化，主要材料為土壤（topsoil）或是地工合成材料。

2. 保護層（protection layer）：主要功能在於可以貯存水分至水被蒸發為止，並可防止動植物或人為之侵害，也可避免因底層乾、濕變化所產生之裂縫。一般材料為混合土或較大圓石，有時可以與表層合為覆蓋土層（cover soil layer）。對事業廢棄物保護層規定在60～90 cm。

3. 排水層（drainage layer）：排放由於下雨或地表逕流入滲水，在此層中需鋪設地工合成材料以利排水。其功能為減少入滲至垃圾中之水量，減少覆蓋層之水壓力以維持邊坡穩定，簡便材料為砂與礫石。

4. 阻水層（barrier layer）：為覆蓋系統最關鍵部分，其最主要

功能為防止雨水入滲。若以夯實之黏土層阻水時,其厚度必須大於60 cm,必須夯實至透水係數小於1×10^{-7}cm/s。

5. 集氣層(gas collection layer):主要功能為將垃圾分解所產生之氣體傳至收集點再移除,一般材料為砂、合成材與格網。最普遍之設計方式自上而下為濾層、砂石或礫石間設置排氣管。

三十七、垃圾掩埋場挖除再生活化

主要利用既有已封閉或營運中之垃圾掩埋場進行挖除再生活化,挖除物以分選回收再利用為主,土地移除掩埋物後亦可再生活化。

評估再生活化或改善之必要性:

1. 汙染性:位於環境敏感區或其不透水層阻水設施已有破損,經環境監測確有造成土壤或地下水汙染者優先。

2. 政策性:配合政策需要,無替代地點,其他替代地點開發成本過高,效率差時優先。

3. 社經性:考慮民意,必要時召開公聽會。

4. 財務性:考慮由政府編列預算或引進民間參與。

5. 工程性:全部或部分移除掩埋物,並考量施工設置必要汙染防治設施。

6. 管理性:如考量挖除篩選後產物通路。

◎土地回復原狀後規劃之用途可分為挖除後掩埋容積再利用、挖除後土地復原或歸還、其他用途等3大類。

考古題

1. 試說明垃圾衛生掩埋場底部阻水層之構成要件、施工步驟及作業要點。（94年薦任、96年地特三等）

2. 試簡要說明衛生掩埋與安定掩埋的主要差異（必要時，必須將合理之參數列出）。（95年普考、96年普考）

3. 廢棄物掩埋設施之阻水層可為黏土層或合成之阻水布如高密度聚乙烯材質，試問如下：

   (1) 說明黏土層與合成阻水布各別之透水特性係數與單位（公制）。

   (2) 量測黏土層與合成阻水布透水特性係數各別之原理為何？

   (3) 如何在實驗室進行量測黏土層與合成阻水布各別之透水特性係數？

4. 試簡要回答（或解釋）下列有關「一般事業廢棄物」衛生掩埋場的問題：（96年地特四等、97年地特三等）

   (1) 掩埋體中有機廢棄物的質與量與掩埋齡的關係。

   (2) 影響沼氣的生成的因子及沼氣成分與掩埋齡的關係。

   (3) 地下水汙染的監測與評估。

   (4) 配合衛生掩埋場的前處理方式與需求性。

(5) 掩埋場再生復育的規劃原則。

5. 試分別說明垃圾焚化、堆肥及衛生掩埋處理過程中,臭味之產生源及控制方法。（94年地特三等、97年地特四等）

6. 請簡要說明掩埋場滲出水產生的原因,及其滲出水處理應考慮的重要因素。（96年普考、96年地特三等、97年高考、97年地特四等、98年高考）

7. 試繪圖說明以沼氣回收利用為導向的衛生掩埋場之構造、必要設施及操作管理重要事項。（98年高考、99年高考）

8. 請說明掩埋場選址之規劃執行流程,並闡述選址需考慮之重要因素。（96年地特四等、100年地特三等）

9. 請繪製一衛生掩埋場斷面圖,並概略標示滲出水、逕流水、廢氣收集系統,及不透水層、碎石級配、填（覆）土等必要設施。另請說明目前國內掩埋場主要問題及可能因應策略。（94年普考、96年地特三等、100年地特三等）

10. 請詳細說明衛生掩埋場廢棄物穩定化反應過程之順序及其各過程中之基本生化反應。（99年普考、99年地特四等、100年薦任升官等）

11. 試說明影響都市垃圾衛生掩埋場滲出水特性之主要因素,並說明滲出水量推估方法及滲出水處理程序。（101年高考二級、103年普考）

12. 試以計算式說明下列二項之推估方法及所需數據：（97年地特四等、104年高考）

(1) 垃圾衛生掩埋場計畫之掩埋容量（m^3）。

(2) 垃圾焚化廠計畫處理量（ton/day）。

13. 繪圖說明都市垃圾掩埋過程CO_2、CH_4、H_2等氣體百分比之變化趨勢，以及滲出水COD、BOD、NH_3-N之濃度變化趨勢，並說明其原理。（94年技師高考、101年高考）

14. 在掩埋場現地，哪些物理因素會影響滲出水之滲漏總量？控制滲漏總量之方法與技術為何？請申論。（95年高考、100年高考）

15. 如何由達西定律（Darcy's Law）推算垃圾滲出水穿透黏土阻水層之時間？該穿透時間與阻水層上積水深度有何關係？（96年高考、101年地特三等）

16. 廢棄物經焚化處理後殘餘之灰渣類廢棄物，必須做「最終處置」，露天與海洋棄置可能造成嚴重二次公害，因此國內之廢棄物最終處置方式以「掩埋處理」為主，試說明「安定」、「衛生」及「封閉」等三類掩埋場之適用對象及其基本設施為何？（98年地特四等、102年身特四等）

17. 封閉掩埋之最終覆蓋應如何執行？依據設施標準，兩種阻水系統之最終覆蓋有何不同？（101年地特四等、103年高考）

18. 試簡要回答（或解釋）下列有關一般廢棄物衛生掩埋場的問題：（96年地特四等、104年普考）

(1) 滲出水水質與掩埋齡的關係。

(2) 場外截流溝的設計原則。

(3) 滲出水量的估計。

19. 試述垃圾衛生掩埋場排水系統之種類、設置目的及其組成，並說明排水量之設計原則。（94年技師高考）

20. 試比較垃圾處理方法－堆肥、掩埋、焚化三者之優缺點。（94年普考）

21. 某縣有一已封閉使用多年的大型垃圾掩埋場，因存在環境汙染問題，必須予以挖除，試研擬一可「兼顧環境效益」及「資源有效利用」的開挖移除及清理綱要計畫。（94年簡任）

22. 試說明「民眾參與」在環境管理上之目的。再者，如果某鄉鎮擬興建一座垃圾衛生掩埋場，您將如何設計一套「民眾參與計畫」，試說明之。（94年地特三等）

23. 何謂「準好氧性循環型垃圾掩埋場」？試繪剖面圖並說明其所具之特點。（94年技師高考）

24. 我國廢棄物清理法所規範的掩埋分哪幾種？有何差異？廢化學藥劑（液態）是否可用掩埋方式處置？若是，可用哪一種掩埋方式？（94年高考）

25. 名詞解釋與簡答：浴盆效應（Tub Effect）（95年技師高考）

26. 輔以我國「事業廢棄物貯存清除處理方法及設施標準」之相關規定，試依汙染防治工程或技術觀點，說明一般事業廢棄物若無須中間處理者，而以「衛生掩埋法」之處理設施應符

合哪些規定（含場址終止使用後）？（95年地特三等）

27. 生物可分解有機廢棄物在掩埋過程會經歷哪些生化反應階段（依氧氣之濃度）？各階段之氧氣、二氧化碳及甲烷組成比例變化為何？請依時間序列圖示說明。（95年普考）

28. 試說明比較封閉型掩埋場與衛生掩埋場的異同。（96年普考）

29. 試說明衛生掩埋場覆土作業的種類、重要性及所需材料特性。（96年普考、96年地特三等）

30. 某垃圾衛生掩埋場底部以透水係數1.0×10^{-7} cm/s之黏土材料施作60 cm不透水層，試比較下列二種掩埋場底部滲出水排除狀況下，不透水層阻水效能之差異，請以滲出水貫穿不透水層所需年數比較之：（96年高考）

(1) 順暢不積水。

(2) 不順暢積水1.2 m。

31. 一般事業廢棄物衛生掩埋場的滲出水常因成分複雜，致處理不易。因此，國內有些衛生掩埋場乃將滲出水收集，經沉澱後即行返送回掩埋體，本方法的優缺點為何？其影響為何？操作時需注意的事項為何？（96年高考、96年地特三等）

32. 試述衛生掩埋場之封閉作業包括哪些重要工作項目，封閉後掩埋場之再利用須檢核哪些穩定化參數？（97年技師高考）

33. 設某鄉鎮現有人口數為五萬人，平均每人每日垃圾產量為0.6 kg，並全部運至掩埋場處置，該掩埋場現行餘留可堪用面積

為10,000 m²，依地下水文調查該場址最大可容許深度為10 m，請以工程計算方式（可合理假設計算必要的參數，如垃圾體積密度），評估該掩埋場是否可再用十年？（97年地特四等）

34. 衛生掩埋內部生化反應通常包括三個階段和五個反應期，詳細說明各反應期之特性。（98年地特三等）

35. 廢棄物之規劃與管理策略上，「從搖籃到墳墓」與「從搖籃到搖籃」兩論點有什麼不同？（98年地特三等）

36. 請研擬不明廢棄物棄置場址的管制計畫。（98年高考）

37. 如何由降雨量資料設計垃圾滲出水處理設施之規模？（98年地特四等）

38. 某垃圾衛生掩埋場採分期分區開發方式施工及營運，請依下述資料，採合理化公式，計算掩埋場之滲出水量。（98年薦任升官等）

    (1) 平均日降雨量：40 mm/day

    (2) 已掩埋面積：1500 m²，$C_1 = 0.6$

    (3) 掩埋進行區面積：1000 m²，$C_2 = 0.4$

    (4) 未掩埋區質：5000 m²，$C_3 = 0$

39. 名詞解釋與簡答：（98年技師高考、98年地特四等）

    (1) 最終處置。

    (2) 封閉掩埋法。

    (3) 掩埋場中有機物分解之「酸生成菌活動期」。

40. 試說明一般廢棄物掩埋作業之順序及其應符合之規定。（99年普考）

41. 就不透水的阻絕設施而言，請討論「一般事業廢棄物衛生掩埋場」與「有害事業廢棄物封閉掩埋場」的異同，以及可能的滲漏監測方式。（99年高考）

42. 試說明掩埋場阻水工程類型（表面阻水工程與垂直阻水工程）之定義，並就採用之條件、可能材質、施工法差異、地下水集排水設施之需求、阻水性確認、修補難易及經濟性等比較之。（99年技師高考）

43. 掩埋場底層阻水設施採用透水係數10^{-7} cm/s，厚度60 cm之黏土構築。在阻水設施上有 3 m深之積水，試求單位面積滲出水穿透之流量（m^3/day）。如改用透水係數10^{-10} cm/s之不透水布，欲控制相同之流量，則不透水布厚度應如何？前二者若於阻水設施上未積水，其滲出水穿透流量有何改變？（100年普考）

44. 衛生掩埋場設置需要哪些一般工程設施、汙染防治設施以及管理設施？（101年普考）

45. 海域掩埋與海洋棄置有何差別？（101年高考）

46. 山谷地掩埋場未掩埋區的雨水如未與滲出水分別排除會有何影響？應該如何排除？（101年高考）

47. 我國現行法規對於「封閉掩埋」之定義為何？繪圖並說明符合該定義之阻水設施構造。（101年高考）

48. 廢塑膠與橡膠於掩埋過程對於環境是否造成汙染或危害？其原因為何？（101年地特四等）

49. 衛生掩埋的二次汙染中，滲出水是棘手的問題，

   (1) 請說明什麼是掩埋場滲出水的特性？

   (2) 請說明採用高級氧化程序（Advanced oxidation processes, AOPs）結合傳統生物處理程序，處理掩埋場滲出水的考慮與優勢為何？（101年普考）

50. 試針對廢棄物處理／處置場址選擇常採用的評估因子加以詳細說明。（102年高考二級）

51. 試說明生物處理法之原理與特點及其在廢棄物處理上之應用。（102年高考）

52. 請依我國相關規定，說明廢棄物掩埋分哪三種方式？家戶排出之非巨大垃圾且不可資源回收之一般廢棄物，應以前述哪一種方式掩埋？於掩埋施作時應考慮哪些事項？（102年地特四等）

53. 試說明垃圾衛生掩埋場之滲出水集排系統的型式、功能及其設計原則與施工要點。（102年技師高考）

54. （102年地特三等）

   (1) 請依我國相關法規，分別說明何謂廢棄物中間處理、最終處置及再利用？

   (2) 若以汙泥餅（Sludge Cake）為例，就中間處理、最終處置及再利用，分別舉例一種可行技術或方法並敘述其

主要操作特性。

55. 廢棄物掩埋場進行操作時，為防止掩埋場滲出水汙染地下水，必須嚴格作好滲出水的收集，此有賴於掩埋場所採用之襯裏方式，以阻絕滲出水進入地下水，請以圖示法說明襯裏和滲出組合系統，並註明襯裏之材料及土壤襯裏層之透水係數要求。（102年高考）

56. 繪圖並說明垃圾掩埋過程，好氧期、過渡期、酸化期、酸性減退期、甲烷醱酵期與穩定期各階段之滲出水水質（COD、BOD、氨氮、pH、揮發酸、氧化還原電位）變化之趨勢。（103年技師高考）

57. 某一城鎮人口15萬人，每人每日垃圾產生量為1.5 kg，經垃圾回收後，每人每日垃圾清運量降為0.5 kg，今欲尋找一塊掩埋場土地，供該城鎮掩埋垃圾10年之用，請問該掩埋場之容積至少要有多少m^3？設垃圾單位容積重為0.3 ton/m^3，覆土體積增加25%，掩埋場體積減少率為30%，掩埋深度15 m。（104年薦任升官等）

58. 我國廢棄物清理法規定，事業廢棄物有哪幾種最終處置方法及其適用對象為何？（104年地特四等）

59. 依地型區分，衛生掩埋作業可分為「區域法」及「壕溝法」，試說明並比較此二法之異同。（104年薦任升官等）

60. 衛生掩埋場最終覆蓋系統有哪些組成（層）？請說明各層設置之目的。（104年地特三等）

61. 試回答下列有關一般廢棄物衛生掩埋場的問題：（104年普考）

(1) 每日覆土與最終覆土。

(2) 不透水系統的設計。

62. 請詳細說明一般事業廢棄物與有害事業廢棄物最終處置（掩埋）的不透水層的異同，並討論此二類不透水系統的意義。（104年高考）

63. 某垃圾掩埋場面積20公頃，年平均降雨量為3,000 mm，年平均蒸發量為1,500 mm，降雨量之30%成為地表逕流，掩埋場底部鋪設不透水層，請計算該掩埋場之每日：（104年高考）

(1) 滲出水量。

(2) 滲出水係數。

64. 有害事業廢棄物掩埋場之設施，雙層阻水設施（Double Liner）係由哪三者組成？我國現行封閉掩埋的設施標準中有兩種阻水設施之設置方式，其中採三層設施者，對照前述雙層阻水設施的三者各為何？（105年地特三等）

65. 比較好氧性、準好氧性與傳統厭氧性衛生掩埋（改良型厭氧性衛生掩埋），分別探討其原理、構造、固體物穩定、滲出水質等之差別。（105年地特三等）

66. 衛生掩埋場於設置、營運期間以及封閉後各有何運作項目？將對環境造成空氣汙染、水汙染及噪音汙染等衝擊為何？

（105年地特四等）

67. 高溫之維持對於堆肥處理有何重要性？自然堆肥法如何維持堆肥過程應有之高溫？（105年地特四等）

68. 衛生掩埋過程，對於廢棄物中的各種汙染物，有何物理、化學與生化處理機制？詳細說明之。（105年地特四等）

69. 某一有機廢棄物 1 ton，乾基含氮量為 1.0%，含水率 60%，C/N = 60，今欲添加廢水汙泥進行堆肥處理，汙泥乾基含氮量6.0%，含水率 70%，C/N = 8.0，若混合後 C/N 控制在25，請計算汙泥之添加量。（105年專技高考）

70. 重金屬汙染物在地下環境中的傳輸，主要依據「質流作用」及「擴散作用」進行，請分別說明此二機制之內涵及影響傳輸速度之因素。（105年專技高考）

71. 試述不明廢棄物棄置場址之調查、管制及清除處理流程，並說明主要工作項目及採行技術。（94年技師高考）

chapter *10*

有害廢棄物

　　有害廢棄物向來為環境之燙手山芋，廢棄物如何被定義為
「有害」之檢測方法歷年也產生諸多爭議，生物醫療廢棄物更為
近年我國發展長照，延伸較為關注之環保議題。

一、有害廢棄物之定義

　　「有害廢棄物」此名詞在我國現行法規中是沒有定義的，
現行廢清法僅有「有害事業廢棄物」之定義。我國擬定中之資循
法定義「有害廢棄資源」指經中央主管機關公告具有毒性、危險
性，其濃度或數量足以影響人體健康或汙染環境之廢棄資源。

　　依美國資源保育及回收法（Resource Conservation and Re-
covery Act, RCRA）之定義，有害廢棄物係指其量、濃度或物
理、化學或傳染之性質，足以使死亡率、罹病率等顯著增加，或
因其不當之處理、貯存、運輸、處置及管理，以致對人體健康或
環境造成顯著的或潛在性之危害。

二、有害廢棄物特性

1. 著火性（ignitability）：固態、液態或氣態廢棄物。閃火點
   （flash point）係用以測定著火性之標準。RCRA規定閃火點
   低於140°F（60度）者為具著火性之廢棄物。
2. 腐蝕性（corrosive）：RCRA規定廢棄物如具有下列特性之

一時，即被歸類為具腐蝕性之有害事業廢棄物。

(1) pH值小於2.0或大於12.5。

(2) 在130°F（55度）下，廢棄物腐蝕鋼之速率超過每年0.250英吋。

3. 反應性（reactivity）：具有極端之化學不穩定性及反應性，能與水、空氣或其他化學試劑（酸、鹼）起強烈反應。

4. 毒性（toxicity）：此係指廢棄物內含某類化合物而能對生物體結構造成破壞或使其功能紊亂之一種潛能。至於毒性事業廢棄物之認定則係EP或TCLP毒性溶出試驗測定其萃取液內之汙染物濃度是否超過法定標準。

5. 傳染性（infectious）：此係指內含微生物或寄生蟲，而能致人類或動物疾病之廢棄物。

6. 生物累積性（bioaccumulation）：此係指汙染因子能隨時間在生物組織內累積者。

7. 致突變性、致癌性或致畸胎性（mutagenicity, carcinogenicity or teratogenicity, MCT）：指廢棄物內含某種物質，能使生物之遺傳基因產生結構上之永久改變，或能誘發癌症，或導致後代之軀體或官能缺陷者。

8. 其他由主管機關所公布之特性。

三、有害事業廢棄物判定方式

1. 列表之有害事業廢棄物。

2. 有害特性認定之有害事業廢棄物。

3. 其他經中央主管機關公告者。

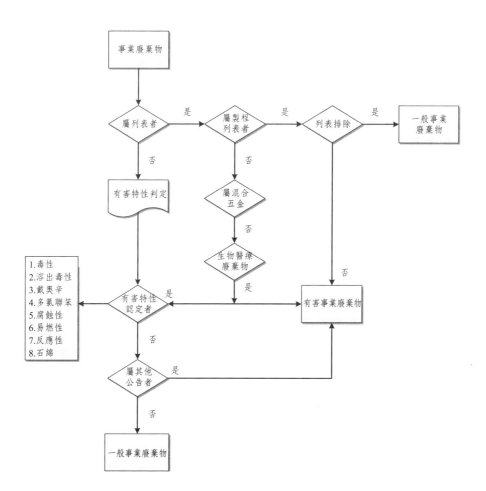

◎列表之有害事業廢棄物種類：

1. 製程有害事業廢棄物：指以汞電極法製氯之廢水處理汙泥等，附表一所列製程產生之廢棄物，共計13個行業別的102個製程。

2. 混合五金廢料：依貯存、清除、處理及輸出入等清理階段危害特性特定，其認定方式如附表二。

3. 生物醫療廢棄物：指醫療機構、醫事檢驗所、醫學實驗室、工業及研究機構生物安全等級第二級以上之實驗室、從事基因或生物科技研究之實驗室、生物科技工廠及製藥工廠，於醫療、醫事檢驗、驗屍、檢疫、研究、藥品或生物材料製造過程中產生附表三所列之廢棄物，包括基因毒性、廢尖銳器具及感染性等3類的12項廢棄物。

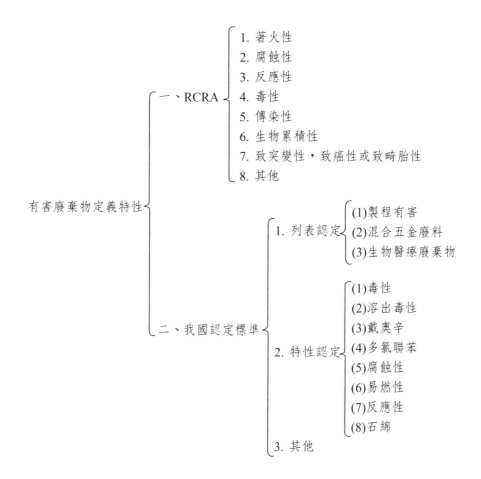

有害廢棄物定義特性
- 一、RCRA
  1. 著火性
  2. 腐蝕性
  3. 反應性
  4. 毒性
  5. 傳染性
  6. 生物累積性
  7. 致突變性，致癌性或致畸胎性
  8. 其他
- 二、我國認定標準
  1. 列表認定
     - (1)製程有害
     - (2)混合五金廢料
     - (3)生物醫療廢棄物
  2. 特性認定
     - (1)毒性
     - (2)溶出毒性
     - (3)戴奧辛
     - (4)多氯聯苯
     - (5)腐蝕性
     - (6)易燃性
     - (7)反應性
     - (8)石綿
  3. 其他

四、有害特性認定之有害事業廢棄物種類

1. 毒性有害事業廢棄物：

   (1) 依毒性化學物質管理法公告之第一類、第二類及第三類毒性化學物質之固體或液體廢棄物。

   (2) 直接接觸前目毒性化學物質之廢棄盛裝容器。

2. 溶出毒性事業廢棄物：指事業廢棄物依使用原物料、製程及

廢棄物成分特性之相關性選定分析項目，以TCLP直接判定或先經萃取處理再判定之萃出液，其成分濃度超過附表四之標準者。

3. 戴奧辛有害事業廢棄物：指事業廢棄物中含2,3,7,8-氯化戴奧辛及呋喃同源物等17種化合物之總毒性當量濃度超過1.0 ng I-TEQ/g者。

4. 多氯聯苯有害事業廢棄物：指多氯聯苯重量含量在百萬分之五十以上之廢電容器（以絕緣油重量計）、廢變壓器（以變壓器油重量計）或其他事業廢棄物。

5. 腐蝕性事業廢棄物：指事業廢棄物具有下列性質之一者：

   (1) 廢液pH值大於等於1.25或小於等於2.0；或在攝氏溫度55度時對鋼（中華民國國家標準鋼材S20C）之腐蝕速率每年超過6.35 mm者。

   (2) 固體廢棄物於溶液狀態下pH值大於等於12.5或小於等於2.0；或在攝氏溫度55度時對鋼（中華民國國家標準鋼材S20C）之腐蝕速率每年超過6.35 mm者。

6. 易燃性事業廢棄物：指事業廢棄物具有下列性質之一者：

   (1) 廢液閃火點小於攝氏60度者。但不包括乙醇體積濃度小於24%之酒類廢棄物。

   (2) 固體廢棄物於攝氏溫度25度加減2度、一大氣壓下（以下簡稱常溫常壓）可因摩擦、吸水或自發性化學反應而起火燃燒引起危害者。

(3) 可直接釋出氧、激發物質燃燒之廢強氧化劑。

7. 反應性事業廢棄物：指事業廢棄物具有下列性質之一者：

(1) 常溫常壓下易產生爆炸者。

(2) 與水混合會產生劇烈反應或爆炸之物質或其混合物。

(3) 含氰化物且其pH值於2.0至12.5間，會產生250 mg HCN/kg以上之有毒氣體者。

(4) 含硫化物且其pH值於2.0至12.5間，會產生500 mg H_2S/kg以上之有毒氣體者。

8. 石綿及其製品廢棄物：指事業廢棄物具有下列性質之一者：

(1) 製造含石綿之防火、隔熱、保溫材料及煞車來令片等磨擦材料研磨、修邊、鑽孔等加工過程中產生易飛散性之廢棄物。

(2) 施工過程中吹噴石綿所產生之廢棄物。

(3) 更新或移除使用含石綿之防火、隔熱、保溫材料及煞車來令片等過程中，所產生易飛散性之廢棄物。

(4) 盛裝石綿原料袋。

(5) 其他含有1%以上石綿且具有易飛散性質之廢棄物。

五、廢棄物管理系統模式

1. 廢棄物的產生：包括有害廢棄物之產量、產率、特性、有害度及產生源。

2. 運輸系統：提供廢棄物之收集、貯存、轉運及運輸，到處理

設施等功能。容量及符合公共衛生、環境安全標準之作業方法，是運輸系統之2個重要準則。

3. 政府管制：包括管制方法及執法。如果不能有系統的運用管理機能，其他單元也就不能充分發揮其功能。

4. 處理、處置系統：目的是要將廢棄物去毒，並使其安全的被處置。處理、處置之主要準則，是容量、環境保護及公共衛生。

5. 監視：

(1) 為使從事有害廢棄物管理作業之產生者、運輸者和處理者，能遵守法令，和使廢棄物能有適宜之收集、運輸、處理與處置必須建立監視系統。

(2) 美國RCRA授權美國環境保護署，負責管理有害廢棄物，由其生產源－貯存－處理－到最終處置，是所謂由「搖籃到墳墓」（cradle to grave）之監視系統。

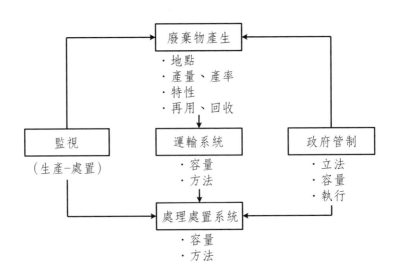

六、有害廢棄物之管理技術

1. 防止廢棄物產生、減量、再利用以及廢棄物回收。

2. 物理／化學處理。

3. 生物處理。

4. 熱處理或焚化。

5. 固化與瓶裝（或表面包封）。

6. 最終處置。

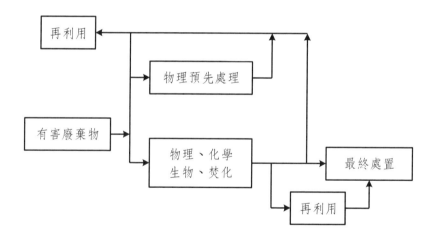

七、事業廢棄物之清理

1. 廢棄物處理民營化：公民營廢棄物清除處理機構，由行政院
   環保署負責輔導管理工作，縣市環保機關負責配合廢棄物清

理機構之審查及稽查工作。

2. 事業機構自行處理。

3. 共同處理體系及聯合處理體系：

(1) 共同處理體系：產生同類廢棄物之工廠共同投資設立處理場（廠）負責處理投資人之工業廢棄物。

(2) 聯合處理體系：產生同類廢棄物之工廠聯合具有廢棄物清除處理意願者，共同投資廢棄物處理場（廠）來處理廢棄物。廢棄物區域集中（聯合／共同）處理，可避免設施投資、人力重疊浪費，並由於連續運轉，可降低廢棄物處理成本，增長設施之使用壽命，及協助人員之訓練。

4. 公告或許可再利用：現行廢清法第39條：事業廢棄物之再利用，應依中央目的事業主管機關規定辦理，不受第28條、第41條之限制。

(1) 廠內再利用：若為廢棄物清理法第31條第1項指定公告之事業，於其事業廢棄物清理計畫書經直轄市、縣（市）主管機關或中央主管機關委託之機關審查核准後，始得於廠（場）內自行再利用；其非屬公告之事業者，得自行於廠（場）內再利用。

(2) 公告再利用：事業廢棄物之性質安定或再利用技術成熟者，事業及再利用機構得逕依所訂廢棄物種類及管理方式進行再利用。

(3) 許可再利用：非屬公告再利用，經送各目的事業主管機關

許可（如經濟部），始得送往再利用機構再利用。許可又分為個案再利用許可及通案再利用許可。

5. 境外處理：我國非「巴塞爾公約」（管制有害廢棄物越境移動）會員國。但採「巴塞爾公約」精神，管制事業廢棄物之輸入及輸出。

廢棄物清理法第38條：事業廢棄物之輸入、輸出、過境、轉口，應向直轄市、縣（市）主管機關申請核發許可文件，始得為之；其屬有害事業廢棄物者，並應先經中央主管機關之同意。但事業廢棄物經中央主管機關會商目的事業主管機關公告屬產業用料需求者，不在此限。

一般事業廢棄物審查是「一級制」由地方主管機關逕行審查及核准，有害事業廢棄物審查是「二級制」由地方主管機關進行程序審查，由中央主管機關進行實質審查，最後再由地方主管機關核准。若屬「產業用料」如廢鋼、廢木材等則不需申請，即可輸入。

除一般廢棄物完全禁止輸、出入外，事業廢棄物有下列情形之一者，禁止輸入；其種類，由中央主管機關會商中央目的事業主管機關公告之：

(1)有嚴重危害人體健康或生活環境之事實。

(2)於國內無適當處理技術及設備。

(3)直接固化處理、掩埋、焚化或海拋。

(4)於國內無法妥善清理。

(5)對國內廢棄物處理有妨礙。

八、有害廢棄物之貯存、收集、運輸

1. 有害廢棄物之管理設施

   (1)完全密閉處理設施系統（TETF, totally enclosed treatment facility）：廢棄物從其產生點，直接經導管、輸送帶，或者其他方式輸送至TETF設施。

   (2)處理、設施、處置設施系統（TSDF）：藉一些移動式、可搬運性廢棄物容器，例如袋子、桶子等，以及運輸交通工具，如貨車、火車和貨船輸送至TSDF系統。

2. 有害廢棄物貯存方法

   (1)汙泥塘（lagoon）：適用於非揮發性、無臭、可用幫浦抽得動之有害廢棄物。必須鋪設不透水層。

   (2)汙物坑（pit）：適合於任何物理型態。必須鋪設不透水層。

   (3)鼓桶（drum）：普遍用於各種物理型態（液體、稀泥、固體）之有害廢棄物。最大好處為可直接將其置於其中然後封閉，送至處理設施。

   (4)其他：如盒子、紙板盒、容器等。

   (5)固定槽（stationary tank）：指固定於有害廢棄物產生

處，不能移動者。槽內牆壁必須有不可與廢棄物起作用之襯物；或者採用不可與廢棄物起作用之結構材料。一般用於可自由流動或幫浦可抽得動之廢棄物。

(6) 活動式槽（moving tank）和活動性箱（容器）（mobile container）：前者適用於液體，而後者適用於固體。

◎一般事業廢棄物貯存方法及設施標準：

貯存方法之規定（第六條）	貯存設施之規定（第十條）
1. 應依事業廢棄物主要成分特性分類貯存。 2. 貯存地點、容器、設施應保持清潔完整，不得有廢棄物飛揚、逸散、滲出、汙染地面或散發惡臭情事。 3. 貯存容器、設施應與所存放之廢棄物具有相容性，不具相容性之廢棄物應分別貯存。 4. 貯存地點、容器及設施，應於明顯處以中文標示廢棄物名稱。	1. 應有防止地面水、雨水及地下水流入、滲透之設備或措施。 2. 由貯存設施產生之廢液、廢氣、惡臭等，應有收集或防止其汙染地面水體、地下水體、空氣、土壤之設備或措施。

◎有害事業廢棄物貯存方法及設施標準：

貯存方法之規定	貯存設施之規定
1. 應依有害事業廢棄物認定方式或危害特性分類貯存。 2. 應以固定包裝材料或容器密封盛裝，置於貯存設施內，分類編號，並標示產生廢棄物之事業名稱、貯存日期、數量、成分及區別有害事業廢棄物特性之標誌。 3. 貯存容器或設施應與有害事業廢棄物具有相容性，必要時應使用內襯材料或其他保護措施，以減低腐蝕、剝蝕等影響。 4. 貯存容器或包裝材料應保持良好情況，其有嚴重生鏽、損壞或洩漏之虞，應即更換。貯存以一年為限，其需延長者，應於期限屆滿兩個月前向貯存設施所在地之地方主管機關申請延長，並以一次為限，且不得超過一年。	1. 應設置專門貯存場所，其地面應堅固，四周採用抗蝕及不透水材料襯墊或構築。 2. 應有防止地面水，雨水及地下水流入、滲透之設備或措施。 3. 由貯存設施產生之廢液、廢氣、惡臭等，應有收集或防止其汙染地面水體、地下水體、空氣、土壤之設備或措施。 4. 應於明顯處，設置白底、紅字、黑框之警告標示，並有災害防止設備。 5. 設於地下之貯存容器，應有液位檢查、防漏措施及偵漏系統。 6. 應配置所需之警報設施、滅火、照明設備或緊急沖淋安全設備。 7. 屬有害企業廢棄物認定標準所認定之易燃性事業廢棄物、反應性事業廢棄物及毒性化學物質廢棄物，應依其危害特性種類配置所之監測設備。其監測設備得準用毒性化學物質管理法、勞工安全衛生法之監測設備規範。

◎生物醫療廢棄物之貯存設施：

貯存方法之規定	貯存設施之規定
1. 廢尖銳器具：應與其他廢棄物分類貯存，並以不易穿透之堅固容器密封盛裝，貯存以一年為限。 2. 感染性廢棄物：應與其他廢棄物分類貯存；以熱處理法處理者，應以防漏、不易破之紅色塑膠袋或紅色可燃容器密封盛裝；以滅菌法處理者，應以防漏、不易破之黃色塑膠袋或黃色容器密封貯存。貯存條件應符合下列規定： (1)廢棄物產出機構：於攝氏五度以上貯存者，以一日為限；於攝氏五度以下至零下以上冷藏者，以七日為限；於攝氏零度以下冷凍者，以三十日為限。 (2)清除機構：不得貯存；但有特殊情形而需轉運者，經地方主管機關同意後，得於攝氏五度以下冷藏或冷凍，並以七日為限。 (3)處理機構：不得於攝氏五度以上貯存；於攝氏五度以下至零度以上冷藏者，以七日為限；於攝氏零度以下冷凍者，以三十日為限。	1. 應於設施入口或設施外明顯處標示區別有害事業廢棄物特性之標誌，並備有緊急應變設施或措施，其設施應堅固，並與治療區、廚房及餐廳隔離。 2. 貯存事業廢棄物之不同顏色容器，需分開放置。 3. 應有良好之排水及沖洗設備。 4. 具防止人員或動物擅自闖入之安全設備或措施。 5. 具防止蚊蠅或其他病媒孳生之設備或措施。 6. 應有防止地面水、雨水及地下水流入、滲透之設備或措施。 7. 由貯存設施產生之廢液、廢氣、惡臭等，應有收集或防止其汙染地面水體、地下水體、空氣、土壤之設備或措施。

九、事業廢棄物清除規定

共同規定	· 清除事業廢棄物之車輛、船舶或其他運送工具於清除過程中，應防止事業廢棄物飛散、濺落、溢漏、惡臭擴散、爆炸等汙染環境或危害人體健康之情事發生。汙泥於清除前，應先脫水或乾燥至含水率百分之八十五以下；未進行脫水或乾燥至含水率百分之八十五以下者，應以槽車運載。 · 不具相容性之事業廢棄物不得混合清除。 · 事業自行或委託清除其產生之事業廢棄物至該機構以外，應記錄清除廢棄物之日期、種類、數量、車輛車號、清除機構、清除人、處理機構及保留所清除事業廢棄物之處置證明。前項資料應保留三年，以供查核。
清除有害 事業廢棄物	1. 應標示機構名稱、電話號碼及區別有害事業廢棄物特性之標誌。 2. 隨車攜帶對有害事業廢棄物之緊急應變方法說明書及緊急應變處理器材。清除有害事業廢棄物於運輸途中有任何洩漏情形發生時，清除人應立即採取緊急應變措施並通知相關主管機關，產生有害事業廢棄物之事業與清除機構應負一切清理善後責任。事業自行或委託清除機構清除有害事業廢棄物至該機構以外之貯存或處理場所時，需填具一式六聯之遞送聯單。但屬依本法第三十一條第一項公告應以網路傳輸方式申報廢棄物之產出、貯存、清除、處理、再利用、輸出、輸入、過境或轉口情形之事業或自行向主管機關申請改以網路傳輸方式申報者不在此限。 前項之遞送單經清除機構簽收後，第一聯由事業於七日內送產生廢棄物所在地之主管機關以供查核，第六聯由事業存查，第二聯至第五聯由清除機構於二日內送交處理機構簽收，清除機構保存第五聯。處理機構應於處理後七日內將第三聯送回事業，第四聯送事業所在地之主管機關以供查核，並自行保存第二聯；其為採固化法、

	穩定法或其他經中央主管機關公告之處理方法處理有害事業廢棄物之處理機構，應同時檢附最終處置進場證明。有害事業廢棄物輸出國外處理前之暫時貯存免填第二聯及第三聯，第四聯由清除機構於廢棄物運至貯存場所後簽章填送。有害事業廢棄物送達處理機構時，處理機構應立即檢視有害事業廢棄物成分、特性、數量與遞送聯單及契約書是否符合，若所載不符者，應於翌日起二日內，請清除機構或事業補正，並向當地主管機關報備。事業於有害事業廢棄物清運後三十五日內未收到第三聯者，應主動追查委託清除之有害事業廢棄物流向，並向當地主觀機關報備。事業自行清除、處理有害事業廢棄物者，需填具一式六聯之遞送聯單，應由執行清除、處理者簽章再經事業簽章後，依第一項至前項規定程序辦理。第一項即前項之遞送聯單，應保存三年，以供查核。本條遞送聯單之寄送日期，適逢假日時，得順延至次一工作日。
生物醫療廢棄物之廢尖銳器具及感染性廢棄物	1. 以不同顏色容器貯存之廢棄物不得混合清除。 2. 於運輸過程，不可壓縮及任意開啟。 3. 運輸途中應備有冷藏措施，並維持正常運轉。但離島地區因交通不便者，經廢棄物產生事業所在地之地方主管機關同意後，得於部分運輸路程中不需備有冷藏措施。 4. 於裝卸過程若無工作人員在場，應保持清除車輛倉門關閉並上鎖。

十、事業廢棄物之中間處理

一般事業廢棄物種類	應使用之中間處理方法
可燃性之一般事業廢棄物	以熱處理法處理。
廢變壓器其變壓器油含多氯聯苯重量含量在百萬分之二以上未達百萬分之五十者	1. 廢變壓器應先固液分離，其金屬殼體以回收或物理處理法處理。 2. 變壓器油或液體，應以熱處理法處理。 3. 其他非金屬之固體廢棄物，不可燃物以衛生掩埋法最終處置，可燃物以熱處理法處理。
人體或動物使用之廢藥品	以熱處理法處理。
製造二氯乙烯或氯乙烯單體之廢水處理汙泥	以熱處理法處理。

有害事業廢棄物種類	應使用之中間處理方法
1. 含氰化物	以氧化分解法或熱處理法處理。
2. 有害性廢油、有害性有機汙泥或有害性有機殘渣	以油水分離、蒸餾法或熱處理法處理。
3. 廢溶劑	以萃取法、蒸餾法或熱處理法處理。
4. 含農藥或多氯聯苯廢棄物	以熱處理法處理。
5. 含鹵化有機物之廢毒性化學物質	以熱處理法或化學處理法處理。
6. 反應性有害事業廢棄物	以氧化分解法或熱處理法處理。
7. 廢酸或廢鹼	以蒸發法、蒸餾法、薄膜分離法或中和法處理。
8. 含汞及其化合物	乾基每公斤濃度達260毫克以上者，應回收元素汞，其殘渣之毒性特性溶出程序試驗結果汞溶出量應低於0.2毫克／公升；乾基每公斤濃度低於

有害事業廢棄物種類	應使用之中間處理方法
	260毫克,以其他方式中間處理者,其殘渣之毒性特性溶出程序試驗結果應低於0.025毫克／公升。
9. 含有毒重金屬廢棄物	以固化法、穩定法、電解法、薄膜分離法、蒸發法、熔融法、化學處理法或熔煉法處理。廢棄物中可燃分或揮發性固體所含重量百分比達百分之三十以上者,得採熱處理法處理。
10. 鋼鐵業集塵灰	以資源回收、固化法或穩定法處理。
11. 戴奧辛廢棄物	以熱處理法處理。
12. 含有毒重金屬之廢毒性化學物質	以化學處理法、固化法或穩定法處理。
13. 其他非屬含鹵化有機物或含有毒重金屬之廢毒性化學物質	以熱處理法、化學處理法、固化法或穩定法處理。
14. 貯存毒性化學物質或其他有害事業廢棄物之容器	採化學處理法、熱處理法或洗淨處理法處理;採水洗淨處理者,需有妥善廢水處理設施。
15. 屬有害事業廢棄物之石綿及其製品	經濕潤處理,再以厚度萬分之六十公分以上之塑膠袋雙層盛裝,開口綁緊後袋口反折再細綁一次後,置於堅固之容器中,或採具有防止飛散措施之固化法處理。
16. 生物醫療廢棄物－基因毒性廢棄物	以熱處理法或化學處理法處理。
17. 生物醫療廢棄物－廢尖銳器具	以熱處理法處理或滅菌後粉碎處理。
18. 生物醫療廢棄物－感染性廢棄物	以熱處理法處理。但廢棄之微生物培養物、菌株及相關生物製品、手術或驗屍廢棄物、實驗室廢棄物、透析廢棄物、受血液及體液汙染廢棄物,得

有害事業廢棄物種類	應使用之中間處理方法
	經滅菌後破壞原型處理；未經破壞原型者，應於包裝容器明顯處標示產出事業名稱、滅菌方式、滅菌操作人員或事業名稱、滅菌日期及滅菌效能測試結果。滅菌法之處理標準、操作規定及滅菌效能測試之標準程序，依中央主管機關之規定辦理。

十一、焚化處理效率評估計算

1. 破壞去除效率（DRE）：指主要有害有機物質（POHCs）經熱處理後，所減少之百分比，DRE係包括燃燒室與廢氣處理之總效率，以下式表示：

$$DRE(\%) = \frac{M_1 - M_2}{M_1} \times 100\%$$

主要有害有機物質（POHCs, principal organic hazardous constituents），某特定廢棄物中被指定最重要成分，選擇標準係根據化合物之濃度及焚化困難度。其中濃度最大且最難被焚化之化合物，稱為主要有害有機物質。

2. 燃燒效率（CE）：燃燒效率指廢棄物焚化爐煙道之排氣，其二氧化碳濃度與二氧化碳及一氧化碳濃度（CO）總和之百分

比，以下式表示：

$$CE(\%) = \frac{CO_2}{CO_2 + CO} \times 100\%$$

3. 焚化殘渣灼燒減量：

焚化殘渣灼燒減量係指乾燥後之垃圾焚化殘渣，於575～625
度之高溫爐內加熱3小時後，殘渣減少量與加熱前重量之百
分比。全連續燃燒式焚化爐：設施規模在每日200公噸（T/
D）以上者灼燒減量應在5%以下，即灼燒減量低，焚化效率
高。

十二、一般廢棄物採焚化處理需符合之規定

1. 廢棄物進料設施需設置計量及檢查設備，並依中央主管機關
   公告一般廢棄物進廠處理管理規定，實施進廠檢查措施。
2. 廢棄物貯存槽及進料設施需設置消防及臭氣處理設備；貯存
   槽並應具備滲漏出水收集系統。
3. 二次空氣注入口下游或二次燃燒室出口之燃燒氣體溫度1小
   時平均值不得低於850度。
4. 焚化灰渣之飛灰應分開貯存收集，不得與底渣混合。
5. 具備緊急應變處理裝置。
6. 其他經主管機關規定者。

十三、事業廢棄物採焚化處理需符合之規定

1. 燃燒室出口中心溫度應保持1,000度以上；燃燒氣體滯留時間，生物醫療廢棄物之廢尖銳器具及感染性廢棄物在1秒以上，其他有害事業廢棄物在2秒以上。

2. 焚化感染性廢棄物者，燃燒效率達99.9%以上。

3. 除焚化感染性廢棄物外，其他有害事業廢棄物之有機氯化物破壞去除效率達99.99%以上，PCBs及戴奧辛有害事業廢棄物破壞去除效率達百分之99.999%以上，其他毒性化學物質破壞去除效率達99.9%以上。

4. 具有自動監測、燃燒條件自動監測及控制、燃燒室出口中心溫度連續記錄及緊急應變處理裝置。

5. 其他經中央主管機關公告之事項。

考古題

1. 請說明有害廢棄物的定義與種類，並依優先次序，說明有害廢棄物的管理策略。（94年高考、96年地特四等）

2. 試說明都市垃圾中常混存的有害廢棄物及其在清理過程可能造成的危害，並說明如何減少該類問題。（94年薦任、96年普考）

3. 試說明有害事業廢棄物焚化處理設施應具備之功能標準。

（98年地特四等、99年普考、99年地特三等）

4. 詳細說明感染性廢棄物產出機構、清除機構、處理機構之貯存方法。（98年地特三等、101年高考二級）

5. 試依我國相關法規說明「有害事業廢棄物」認定標準或方法。（94年高考、97年普考、97年地特三等、103年地特三等）

6. 某事業單位產生大量的含汞汙泥，其總汞含量平均620 ppm，毒性特性溶出程序之總汞溶出濃度平均0.3 mg/L，試規劃一可符合法規要求的處理計畫，繪處理流程並說明採用之處理技術及判定標準。（94年技師高考）

7. 試以廢日光燈管為例，說明我國對於具危害性一般廢棄物之管理制度，並簡述廢日光燈管之處理及資源化技術。（94年簡任）

8. 請簡要說明政府應如何管理有害廢棄物。（94年地特四等）

9. 何謂有害廢棄物焚化之試燒（Trial Burn）計畫？如何決定試燒之樣品？如何規劃試燒之監測計畫？（94年技師高考）

10. 我國法規對「腐蝕性事業廢棄物」之認定標準為何？腐蝕性事業廢棄物清運時要符合哪些規範？（96年地特三等）

11. 試針對電弧爐煉鋼廠產出之事業廢棄物，說明我國現行之管制及其清理方式。（96年薦任升官等）

12. 假設某含汞事業廢棄物經檢測出其乾基含汞量為275 mg/kg，試詳細說明依據我國現行法規應採用之處理方法。（97

年高考）

13. 設每天處理量240 ton，24小時運轉之有害廢棄物焚化系統，
經環保人員檢測其相關的項目結果如下：（97年地特三等）

(1) 進料廢棄物中某一（X）有害成分：5.0%（重量比）

(2) 灰渣之該X有害成分排放率：0.08 kg/hr

(3) 煙道氣中該X有害成分排放率：0.02 kg/hr

(4) 煙道氣中二氧化碳：12%（體積比）

(5) 煙道氣中一氧化碳：100 ppmv

試求此焚化系統之燃燒效率（CE）與該X有害成分之破壞去
除率（DRE）。

14. 依照事業廢棄物貯存清除處理方法及設施標準之規定，含有
毒重金屬廢棄物可行處理方法有哪些？（98年普考）

15. 請說明有害事業廢棄物採用境外輸出的申請程序。（98年普
考）

16. 試述含汞廢棄物之最適處理方式及相關汙染防治（制）措
施。（99年地特四等）

17. 試說明毒性有害事業廢棄物及溶出毒性事業廢棄物之差異
性。（99年地特三等）

18. 近數年來，引起國人高度關切之戴奧辛毒鴨蛋事件及戴奧辛
鴨事件，其中戴奧辛係源自何種廢棄物？此種廢棄物目前之
處理方式為何？（99年地特四等）

19. 試就環境保護之觀點，說明應如何確保有害事業廢棄物固化

物之品質，以降低其可能之長期風險。（99年地特三等）

20. 假設某事業廢棄物經採樣檢測後，得知其含有下列關切物質：(1)PCDD：2.5 ng I-TEQ/g；(2)Cr：8,000 mg/kg；(3)Pb：9,000 mg/kg；(4)Zn：285,000 mg/kg及(5)Fe：450,000 mg/kg。試就專業判斷，說明此事業廢棄物之最佳處理方式、處理技術及相關注意事項。（99年地特三等）

21. 試述我國現行法令對於生物醫療廢棄物處理方式及相關之規定。（99年地特四等）

22. 一般事業廢棄物之貯存場所，應符合哪些規定？（100年普考）

23. 詳細說明有害廢棄物掩埋場中，主防漏層（Primary Liner）、輔助防漏層（Secondary Liner）與監測收集層（Detection and Collection Layer）之構造與功能。（100年高考）

24. 行政院環境保護署公告之「毒性化學物質」有哪四類？有害事業廢棄物認定標準中「毒性有害事業廢棄物」（B類）之內容與前者之關係為何？詳細說明之。（101年地特四等）

25. 行政院環境保護署公告應回收之一般廢棄物中，有哪些屬於有害垃圾？有哪些於處理過程有釋出危害性物質之虞？詳細說明之。（101年地特三等）

26. 含重金屬之有害廢棄物採「熔煉法」與「熔融法」處理有何差別？詳述其內容。（101年地特四等）

27. 有害事業廢棄物除生物醫療廢棄物之外之貯存設施，應符合哪些規定？（101年普考）

28. 請依我國相關法規規定（事業廢棄物貯存清除處理方法及設施標準），詳細說明含有汞或其化合物之廢棄物，其可行處理技術或方法。（102年地特三等）

29. 試說明我國現行法規針對有害事業廢棄物之焚化處理設施之特別規定。（102年高考二級）

30. 有害廢棄物的中間處理與最終處置方法分別有哪些？以焚化爐飛灰為例，說明其中間處理與最終處置方法。（102年薦任升官等）

31. 事業自行或委託清除其產生之事業廢棄物至該機構以外的機構處理和處置時，應記綠哪些資料？（102年薦任升官等）

32. 有關有害事業廢棄物之焚化處理設施：（102年薦任升官等）

(1) 燃燒室出口中心溫度。

(2) 其他有害事業廢棄物燃燒氣體滯留時間。

(3) 多氯聯苯（PCBs）及戴奧辛有害事業廢棄物破壞去除效率，其符合規定之標準各為何？

33. 有害事業廢棄物認定標準中之毒性有害事業廢棄物，係指依毒性化學物質管理法公告之第一類、第二類及第三類毒性化學物質之固體或液體廢棄物，以及直接接觸毒性化學物質之廢棄盛裝容器。分別詳細說明該三類物質危害人體健康之特

性。（103年技師高考）

34. 有害事業廢棄物之認定哪些需要檢測？哪些不需檢測？（103年高考）

35. 說明生物醫療廢棄物貯存容器種類與材質之規定。（103年高考）

36. 有害事業廢棄物焚化，何謂破壞去除率？對於各類有害物質之規定為何？（103年高考）

37. 何謂腐蝕性廢棄物？如何量測固體樣品之pH值？（103年普考）

38. 我國「有害事業廢棄物認定標準」規定，依有害特性認定之「腐蝕性」及「反應性」事業廢棄物之定義為何？（104年普考）

39. 試比較一般廢棄物、一般事業廢棄物、有害事業廢棄物之差異。另判定有害事業廢棄物的依據為何？（104年地特三等）

40. 我國廢棄物清理相關法規對於感染性廢棄物之貯存方法及貯存條件，有哪些規定？（104年身特四等）

41. 為建立事業單位產生之事業廢棄物具有代表性之數據資料，請規劃說明事業廢棄物採樣計畫之重要內容。（104年高考）

42. 說明聯合國巴塞爾公約訂定的目的，以及我國因應的管制策略。（105年地特三等）

43. 除了生物醫療廢棄物以外,有害事業廢棄物清除過程應遵守哪些規定?(105年地特四等)

44. 有害事業廢棄物利用瀝青固化有何優點?有何限制?(105年地特四等)

45. 有關營建工程衍生之廢棄物,請說明何謂營建廢棄物?何謂營建剩餘土石方?何謂營建混合物?再利用之前處理方式有哪些?再利用之去化管道為何?(105年高考)

46. 有害事業廢棄物應該以封閉掩埋法處理,試列舉封閉掩埋法應符合哪些重要之規定?(105年普考)

國家圖書館出版品預行編目資料

廢棄資源管理重點整理／陳映竹著. ——初
版. ——臺北市：五南，2018.09
　　面；　公分
　ISBN 978-957-11-9901-6（平裝）
　1.廢棄物處理
445.97　　　　　　　　　107014058

5I45

廢棄資源管理重點整理

作　　者 — 陳映竹（249.7）

發 行 人 — 楊榮川

總 經 理 — 楊士清

主　　編 — 王正華

責任編輯 — 金明芬

封面設計 — 王麗娟

出 版 者 — 五南圖書出版股份有限公司

地　　址：106台北市大安區和平東路二段339號4樓

電　　話：(02)2705-5066　　傳　　真：(02)2706-6100

網　　址：http://www.wunan.com.tw

電子郵件：wunan@wunan.com.tw

劃撥帳號：01068953

戶　　名：五南圖書出版股份有限公司

法律顧問　林勝安律師事務所　林勝安律師

出版日期　2018年9月初版一刷

定　　價　新臺幣450元